Systematischer Vertrieb

Sales Champions Strategy
für Führungskräfte

Markus Milz

1. Auflage

HaUFE.

Inhalt

Systematischer Vertrieb – was ist das?   **7**
- Die Ausgangslage: Unzufriedenheit   8
- Handlungsoptionen und Kennzahlen im Vertrieb   9
- Ansatz zur Lösung: die Strategiepyramide   12
- Führungskräfte und die Kommunikation   14
- Von der Theorie zur Praxis   16

Analyse: Wo stehen wir heute?   **19**
- Faktoren bei der Standortbestimmung   20
- Wohin soll es gehen und wie kommen wir dorthin?   32

KÖNNEN sicherstellen: Ergänzen, was fehlt   **35**
- Bestandsaufnahme: Was wird gebraucht?   36
- WER sollte trainiert werden?   37
- WAS sollte trainiert werden?   40
- Wie sollte ein Training oder Coaching ablaufen?   42
- Wie lassen sich Effizienz, Effektivität und Nachhaltigkeit sicherstellen?   45
- Das richtige Inhouse-Training für Ihr Sales-Team   47
- Ist KÖNNEN tatsächlich das Problem?   49
- Training und Coaching in drei Phasen   51

SOLLEN definieren: Der Weg zum Ziel   **61**
- Wie kommen wir dort an, wo wir hinwollen?   62
- Das Schwarmprinzip nutzen   63
- Soll-Prozesse definieren   65
- Was bringen verbindliche Vertriebsprozesse?   72

WOLLEN unterstützen: Die Mitarbeiter mitnehmen   **75**
- Motivation mit System   76
- Warum sind Handlungsziele erforderlich?   84
- Wie werden Ergebnisziele gefunden?   88

UMSETZUNG sichern: Führung und IT gut kombiniert   **97**
- Die Prozesse ins System einbringen   98
- Ansätze für ein funktionierendes System   99

FÜHREN und ENTWICKELN: Mit Gesprächen ans Ziel   **105**
- Was brauchen Führungskräfte?   106
- Was bringen kaskadierende Wochengespräche?   108
- Regeln für Mitarbeitergespräche   111
- Überprüfen des Könnens   114

- Schlusswort   119

- Stichwortverzeichnis   123

Vorwort

Zu wenig Umsatz! Zu wenig Aufträge! Sie haben gerade das Gefühl: Da ist doch mehr drin beim Vertrieb? Wo aber sollen Sie ansetzen: Preise senken? Den Vertrieb motivieren? In ein CRM-System investieren? Oder in Trainingsmaßnahmen?

Dies ist der Moment, der Ihnen eine riesige Chance aufzeigt: Sie haben jetzt die Gelegenheit, Ihren Vertrieb in ein nachhaltiges, stabiles und sich selbst verstärkendes Sales-System zu transformieren, das skalierbar und weitgehend unabhängig von der Leistungsstärke einzelner Individuen ist. Dies ist aber auch der Moment, in dem die meisten Unternehmen falsche Entscheidungen treffen. Aktionistisch wird aus der Hüfte geschossen und auf Strohfeuer gesetzt. Kaum jemals wird ähnlich gedankenlos Budget verpulvert, wie wenn der Vertrieb hinter den Erwartungen zurückbleibt – vor allem für kostspielige Trainings, die nicht wirken, und für Tools, die niemanden weiterbringen. Ergebnis logischerweise: keins.

Dieses Buch hilft Ihnen dabei, die richtigen Dinge zu tun! Es liefert DIE Blaupause für einen systematischen und nachhaltigen Vertrieb. Und eine »Therapie« für Entscheider und Führungskräfte, die sie vor falschen Entscheidungen bewahrt.

In der Medizin läuft es so: Man verspürt Symptome (»Schmerzen« = »zu wenig Umsatz/Wachstum«) und sucht einen Arzt auf. Dieser führt eine Anamnese (Untersuchung) durch, auf deren Basis er eine Diagnose stellt und eine entsprechende

Therapie empfiehlt. Therapien im Vertrieb werden meist ohne die vorherigen beiden Schritte verordnet. Diese Erkenntnis habe ich aus erster Hand, denn mein Beruf als Berater, Trainer und Coach führt mich das ganze Jahr über in viele unterschiedliche Betriebe. Manchmal komme ich mir dabei vor wie ein Zeitreisender. Teilweise wird mit Methoden gearbeitet, die hochinteressant sind – allerdings eher für Antiquare und Historiker.

Um tatsächlich wirkungsvoll arbeiten zu können, lauten meine Einstiegsfragen in einem »Anamnesegespräch« mit einem Entscheider oder einer Führungskraft im Vertrieb regelmäßig so:

1. Wissen Sie, wie Sie mit Ihren Mitarbeitern eindeutig und zweifelsfrei maximal mögliche Ziele vereinbaren? Wissen Sie, wie Sie Ihre Mitarbeiter hierfür anleiten und FÜHREN müssen?

2. Wissen Ihre Mitarbeiter, was exakt sie hierfür tun SOLLEN?

3. WOLLEN die Kollegen das auch? Unterstützen die entsprechenden Incentivierungen genau das?

4. KÖNNEN Ihre Mitarbeiter auch all das, was von ihnen erwartet wird?
   (Hier und nur hier würden bei einem Nein Trainings helfen!)

5. SETZEN sie auch all das UM, was Sie von ihnen erwarten?

Meine Leitfragen stellen gleichsam die Kapitel dieses Taschen-Guides dar (allerdings in anderer Reihenfolge). Das Buch stellt die wichtigsten Faktoren vor, die einen systematischen und nachhaltigen Vertrieb ausmachen – stets aus der Praxis, klar und deutlich, aber auch knapp und prononciert. Damit werden Sie in die Lage versetzt, im Expresstempo Ihre »Baustellen« zu erkennen und die Schritte einzuleiten, die Sie wirklich zum nachhaltigen, strukturierten und skalierbaren Vertriebserfolg führen!

Dabei viel Freude

Markus Milz

Systematischer Vertrieb – was ist das?

Lesen Sie zunächst, wie es in vielen Unternehmen aussieht und was in den meisten Fällen der Grund dafür ist, dass dort vorhandene Potenziale nicht gesehen und genutzt werden. Anschließend erfahren Sie mehr über die einzelnen Faktoren, die zu beachten sind, wenn Sie aus vertrieblicher Sicht mehr aus dem Vertrieb in Ihrem Unternehmen herausholen wollen, als das aktuell der Fall ist.

Die Ausgangslage: Unzufriedenheit

»Irgendwie habe ich das Gefühl, vertrieblich müsste mehr drin sein ...« Mit diesem oder einem ähnlichen Satz beschreiben Inhaber, Geschäftsführer oder Vertriebsleiter eines Unternehmens ihr »Bauchgefühl«. In vielen Fällen starten sie dann eine Reihe eher aktionistisch statt sinnhaft dominierter Maßnahmen, die meist in eine gigantische Geldvernichtung münden.

Um bei der unerfreulichen vertrieblichen Situation Abhilfe zu schaffen, wird einiges probiert. Je nach Know-how oder Typus der handelnden Personen, je nach verwendeter Vergleichsgröße, anhand derer eine Unzufriedenheit mit einem Status quo konstatiert wird, je nach Intensität des Drucks, unter dem sich ein Verantwortlicher im Vertrieb fühlt, oder je nach wirtschaftlicher Lage werden in der Regel vollkommen unterschiedliche Aktionen ins Leben gerufen, um die ungenügenden Ergebnisse des Vertriebs zu verbessern. Hierbei werden – im Gegensatz zu investiven Entscheidungen beispielsweise bezüglich der Anschaffung von Maschinen im Produktionsbereich – nur selten »echte« Investitionsentscheidungen auf Basis harter Renditekriterien getroffen. Amortisationsdauer, Return on Investment (ROI) oder andere Wirtschaftlichkeitsüberlegungen spielen dabei kaum eine Rolle. Sie geschehen eher – passend zu dem vagen Gefühl, dass es im Vertrieb besser laufen sollte – ebenfalls aus dem Bauch heraus.

»Wir müssen mal wieder ein Training machen«, »Wir sollten auf der Messe XYZ ausstellen«, »Wir benötigen dringend ein CRM-System«, »Wir brauchen mehr Ressourcen im Vertrieb« und ähnliche Statements höre ich im beruflichen Alltag fast täglich. Auf die Frage, WARUM man dies tun solle, bekomme ich Antworten wie »Weil wir schon lange kein Training mehr gemacht haben«, »Weil wir auch die letzten Jahre dort Aussteller waren – und die Kunden sollen nicht denken, uns gäbe es nicht mehr«, »Weil wir immer noch mit Excel-Listen arbeiten« oder »Weil wir mit den bestehenden Ressourcen die anstehende Arbeit einfach nicht mehr schaffen«. Wenn überhaupt, werden meist qualitative statt quantitative Begründungen genannt – die darüber hinaus eher an Killerphrasen als an echte Antworten erinnern.

Handlungsoptionen und Kennzahlen im Vertrieb

Zugegebenermaßen ist die Problemstellung im Vertrieb vermutlich auch komplexer als bei einer Investition in eine Maschine: Kann ich bei einer Aufgabenstellung im Produktionsbereich noch eine berechenbare mathematische Formel bemühen, so werden die vorhandenen möglichen Optionen im Vertriebsbereich schnell unüberschaubar.

BEISPIEL

Die Serienfertigung eines bestimmten Modells einer Pkw-Marke erweist sich im Vergleich sowohl zum Wettbewerb als auch zu anderen Modellen der gleichen Marke als zu teuer. Dieser Nachweis lässt sich leicht über den Kostenvergleich der Produktion eines Autos oder einer bestimmten Losgröße führen, zum Beispiel je Monatsproduktion, Produktion je Schicht, je 1.000 Stück oder Ähnliches. Zahlen wie diese können aus der eigenen Kostenrechnung bzw. dem Controlling stammen, Best-Practice-Daten sind bei Verbänden, Beratern oder Banken erhältlich.

Die Handlungsalternativen beschränken sich im Wesentlichen auf diese Optionen:

- Optimierung des bestehenden Werks bzw. der bestehenden Fertigung,

- Erhöhung des Automatisierungsgrads und damit einhergehend eine Senkung der Personalkosten oder

- Verlagerung der Produktion in ein Niedriglohnland mit ähnlichem Effekt.

Im Vertrieb gestaltet sich bereits die Ausgangslage unklarer: Ist die derzeitige Situation tatsächlich unbefriedigend? Anhand welcher Kriterien soll dies beurteilt werden? Return on Sales – also die Summe aller relevanter Vertriebs- und Marketingkosten bezogen auf die Summe der Erlöse? Doch welche Kosten lassen sich eindeutig welchen Erlösen zuordnen? Welche Marketing- und Vertriebsaktionen haben letztlich wie zu den getätigten Käufen einzelner Kunden beigetragen? Schon der amerikanische Autofabrikant Henry Ford meinte vor fast 100 Jahren: »Ich weiß, die Hälfte meiner Werbung ist hinausgeworfenes Geld. Ich weiß nur nicht, welche Hälfte.«

Und selbst wenn Kriterien zur Vertriebseffizienz gefunden werden können – wie sind sie zu interpretieren? Den Vergleich zur Vorperiode anzustellen wäre die gängigste Variante – aber nicht unbedingt die beste: Habe ich im Vorjahr schlecht und weit unter meinen Möglichkeiten performt, bedeutet »besser als im Vorjahr« lediglich »ein wenig weniger schlecht«. Ähnlich verhält es sich mit der Variante »Ich vergleiche mich mit meinen Wettbewerbern«. Abgesehen davon, dass es anders als bei der Produktion von Pkws ausgesprochen schwierig sein wird, verlässliche und wirklich vergleichbare Leistungskennzahlen (KPIs) für den Vertrieb zu ermitteln, bedeutet auch hier »besser als der Wettbewerb« im Fall eines unter seinen Möglichkeiten performenden Konkurrenten lediglich, ein wenig weniger schlecht zu sein als dieser. Die einzig legitime Vergleichszahl wäre »gemessen am maximal Möglichen – am Potenzial« (siehe Milz 2017). Doch lässt sich auch das nicht leicht ermitteln.

Die nächste Herausforderung ergibt sich schnell: Selbst WENN es gelingt, die Güte und den Effizienzgrad des eigenen Vertriebs in Zahlen zu fassen, ist damit noch lange nicht der Weg aufgezeigt, wie sich die Potenziale erschließen lassen. Übrigens: Die Universität Mannheim und diverse Studien meines Kollegen Walter Zimmermann weisen branchenübergreifend regelmäßig einen Prozentsatz zwischen 20 und 34 % aus, den durchschnittliche Vertriebsorganisationen ungenutzt liegen lassen (siehe Zimmermann 2014).

In meinem Grundlagenbuch »Vertriebspraxis Mittelstand« (Milz 2013), das die Idee der SALESTOOLBOX® präsentiert, habe ich Hunderte von Werkzeugen aufgezeigt, mit denen ein Vertrieb optimiert werden kann. Welche im Einzelfall sinnvoll sind, hängt im Wesentlichen davon ab, welche Aufgabenstellung aktuell im Fokus steht bzw. wo sich der größte Engpass oder ein Flaschenhals findet. Ich kenne allein über 80 Werkzeuge und Möglichkeiten, die sich für die Neukundenakquise eignen. Selbst wenn ich drei davon nutze – im B2B-Vertrieb sind das immer noch vor allem eine große Außendienst- oder Feldmannschaft, Messen sowie die eigene Homepage – und deren Wirksamkeit messe, weiß ich immer noch nicht, wie die vielen anderen Möglichkeiten in MEINER Branche und in MEINEM konkreten Anwendungsfall wirken.

Ansatz zur Lösung: die Strategiepyramide

Wie also lassen sich systematisch und analytisch nachweisbar im Vertrieb die »richtigen« Maßnahmen priorisieren, bewerten und anstoßen? THEORETISCH ist das optimale Vorgehen leicht, es folgt der Vertriebs- und Strategiepyramide (s. Abb. 1):

1. Kenne deine Ausgangslage: »Wo stehst du?«

2. Definiere deine Vision, dein Ziel: »Wohin willst du?«

3. Definiere den Weg zu deinem Ziel, deine Strategie: »Wie willst du dorthin gelangen?«

4. Konkretisiere diesen Weg, deine Prozesse, dein Geschäftssystem: »Wie gedenkst du die Strategie umzusetzen?«

5. Definiere den Rahmen, den du hierfür benötigst: »Welche Organisationsstruktur ist die richtige, welche IT-Systeme benötigst du, welche Manpower und sonstigen (finanziellen) Ressourcen, welche Führungs- und Steuerungssysteme usw.?«

6. Erfasse all dies in einem meilensteingespickten Maßnahmenplan und lege konkret fest: »Wer macht was bis wann?«

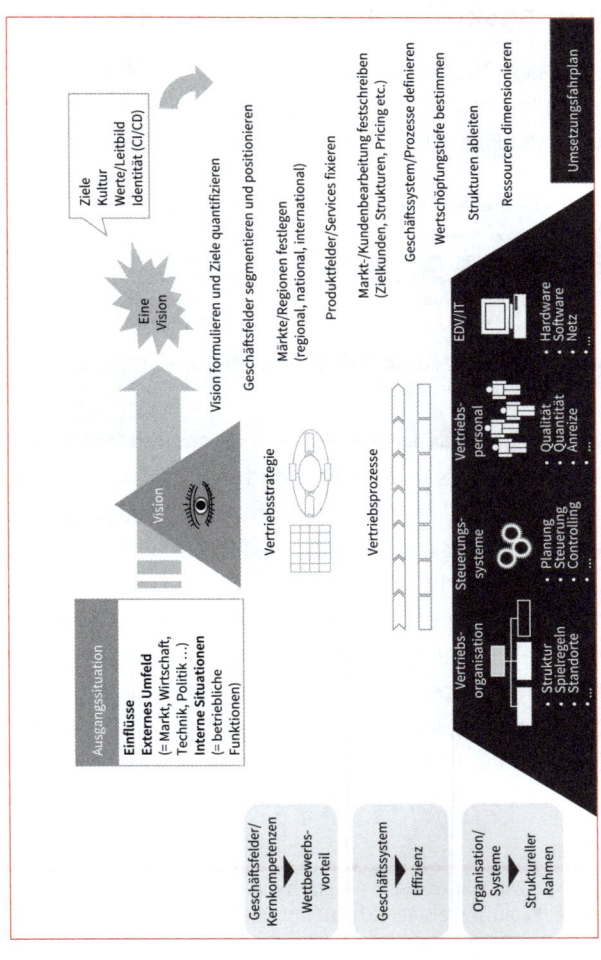

Abb. 1: *Strategiepyramide*

Führungskräfte und die Kommunikation

Wie gesagt: Theoretisch ist es einfach. Doch Abbildung 2 zeigt anschaulich, vor welchen Herausforderungen eine Führungskraft in der Praxis im Vertrieb steht.

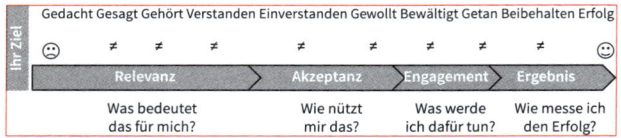

Abb. 2: *Führung und Kommunikation; eigene Darstellung in Anlehnung an Konrad Lorenz (Puhani 2018)*

Die Tatsache, dass ich selbst als Führungskraft meine Vision kenne und denke, dass das Ziel doch auch jedem anderen im Unternehmen bekannt sein muss, ist – naiv! Mit an Sicherheit grenzender Wahrscheinlichkeit ist das Ziel nicht jedem bekannt und erst recht nicht der Weg dorthin. Denken allein ändert erst einmal rein gar nichts! Jeder, der von seinem Partner einmal gesagt bekommen hat: »Schatz, ich dachte es wäre klar, dass du den Müll rausbringst ...« und darüber im Nachgang in einen Streit geraten ist, weiß, wovon ich spreche. Eine Führungskraft muss zumindest kommunizieren und sicherstellen, dass auch jeder, den es angeht, von der Vision und dem Ziel gehört hat.

BEISPIEL

Vor einiger Zeit führte ich ein Gespräch mit einem Vertriebsleiter eines inhabergeführten mittelständischen Maschinenbauunternehmens. Ihm waren acht Mitarbeiter unterstellt. Meine Frage, ob er denn mit jedem davon eine persönliche Zielvereinbarung getroffen habe, bejahte er energisch. Die gleiche Frage stellte ich anschließend seinen Mitarbeitern, die sie – einer nach dem anderen – verneinten. Auf meinen Hinweis, dass ihr Vorgesetzter mir diese Frage indes positiv beantwortet habe, lautete die verdutzte Erklärung: »Ach – er meint vermutlich diese Excel-Tabelle, die er uns monatlich sendet ... Nun, die habe ich mir noch niemals im Detail angeschaut. Aber mein Chef fragt auch nie danach.« Die Botschaft wurde nur »gedacht« und »gesagt«, genauer: »gesendet« – allerdings nie »gehört« oder »gelesen«.

Selbst wenn die Botschaft von allen gehört wurde, schließt sich die Frage an, ob sie denn verstanden wurde. Und zwar in dem Sinne, wie der Sender sie gemeint hatte bzw. verstanden wissen wollte. Von allen gleich und einheitlich im gemeinten Sinne. Auch dies ist in größeren Institutionen fast nie der Fall.

Haben die Empfänger die Botschaft verstanden, ist fraglich, ob sie damit auch einverstanden sind. Das bedeutet: der gleichen Ansicht wie der Sender, dass das kommunizierte Ziel das »richtige« ist. Eines, das für das Unternehmen selbst sowie für alle im und am Unternehmen arbeitenden Stakeholder »vernünftig« und »gut« zu sein scheint. Und selbst wenn das bejaht wird, tauchen beim Empfänger sofort Überlegungen wie diese auf: Was bedeutet das für mich persönlich? Will ich das denn auch? Akzeptiere ich die sich ergebenden Konsequenzen für mich?

Wenn er auch hier zustimmt, könnten Fragen aufkommen wie: Kann ich die damit verbundenen Aufgaben überhaupt bewältigen? Habe ich hierfür die notwendigen Fähigkeiten, Fertigkeiten und Talente? Oder benötige ich Hilfe bei der Umsetzung, frage danach – und bekomme sie dann auch genehmigt? Und zwar ohne dass dies für meine Karriere oder mein Standing nachteilige Konsequenzen hat.

Und wenn auch hier ein Ja die Antwort ist – die Botschaft wurde ausgesprochen, der Empfänger hat sie gehört und verstanden, ist damit einverstanden und will dem Gesagten folgen –, wie ist sichergestellt, dass die betreffende Person das Formulierte auch tut, also umsetzt?

BEISPIEL

Ich kenne unzählige Menschen, die ein wenig (oder auch mehr) Gewicht verlieren wollen. Die ganz genau wissen, was notwendig ist, um abzunehmen. Konkret: Welchen Sport sie in welchem Umfang treiben und wo sie wie ihre Ernährung umstellen sollten. Die es aber dennoch einfach nicht tun, nicht umsetzen! Sei es aus Trägheit, Undiszipliniertheit oder welchen Gründen auch immer.

Von der Theorie zur Praxis

Im privaten wie im beruflichen Umfeld zeigt sich in solchen Situationen fast immer eines der größten Probleme: Die Umsetzungskompetenz fehlt. Bekanntlich sind Menschen, vor allem wir Deutsche, Erkenntnisriesen, aber Umsetzungszwerge. Es geht somit vor allem darum, konkrete und sinnvolle Ansatzpunkte zu finden, um ins Tun zu kommen!

Hinzu kommt, dass es sowohl beim Abnehmen als auch bei jeglichen beruflich angestrebten Zielen nicht damit getan ist, ein einziges Mal zu handeln. Es reicht nicht aus, sich nur einen einzigen Tag oder eine einzige Woche bewusst zu ernähren und zu bewegen. Sondern es geht darum, dieses neue Verhalten dauerhaft beizubehalten. Darum, das Ziel konsequent, kontinuierlich und nachhaltig zu verfolgen. Dann und nur dann ergibt sich, was schon im Wortstamm des Verfolgens enthalten ist: der angestrebte ERFOLG! Ihre Aufgabe als Führungskraft besteht also NICHT darin, sich mit nur einem Baustein dieser Kette zu beschäftigen. Sie müssen vielmehr sicherstellen, dass ALLE notwendigen Schritte zum Vertriebserfolg gegangen werden. Und das ständig.

> Die ersten beiden Etappen auf dem Weg zu einem nachhaltigen Sales-System – »Analyse der Ausgangssituation« und »Visionserarbeitung« – werden im Folgenden kurz angesprochen. Wenn Sie an vertieften Handlungsempfehlungen an dieser Stelle interessiert sind, lege ich Ihnen mein Buch »Vertriebspraxis Mittelstand« ans Herz.

Auf einen Blick: Was ist Systematischer Vertrieb?

- Analysieren Sie die Ausgangslage in Ihrem Unternehmen.
- Klären Sie, mit welchem Ziel Sie etwas verändern wollen.
- Finden Sie aussagekräftige Kriterien für Ihre Investitionsentscheidungen.
- Stellen Sie die Betriebseffizienz auf den Prüfstand.
- Nutzen Sie die Strategiepyramide, um Veränderungen anzugehen.
- Überprüfen Sie die Kommunikationskompetenzen der Führung im Unternehmen.

Analyse: Wo stehen wir heute?

In diesem Kapitel erfahren Sie als Erstes, wie Sie herausfinden, an welchem Punkt Ihr Unternehmen aktuell steht und wie es darin aussieht. Im nächsten Schritt geht es darum, eine Vision und ein Ziel zu formulieren sowie die dazu passende Strategie zu erarbeiten, um die richtigen Maßnahmen für Ihr Unternehmen einzuleiten.

Faktoren bei der Standortbestimmung

In Abbildung 1 finden sich einige grundlegende Aspekte, die bei der Standortbestimmung einzubeziehen sind: Einerseits spielen externe, von den Unternehmen selbst nicht beeinflussbare Aspekte wie Markt, Wirtschaft, Technik, Politik, Wettbewerb und Trends eine Rolle, andererseits interne Themen, die die Unternehmen durchaus selbst in der Hand haben, wie etwa der Betrieb im eigentlichen Sinne, die Produkte und die Kunden. Als Methode empfehle ich eine »strategische Diagnose«, eine Bedienungsanleitung ergibt sich aus den folgenden Ausführungen.

Zwei Gründe sprechen für eine valide Beurteilung der Ausgangssituation, um im zweiten Schritt eine Vision, ein Ziel seriös bestimmen zu können und eine reale Chance zu haben, es auch zu erreichen. Erstens: Ohne klaren Ausgangspunkt wird das anvisierte Ziel verfehlt!

BEISPIEL

Gibt ein Kapitän auf hoher See oder ein Autofahrer in einem fremden Land die GPS-Koordinaten einer Destination in sein Navigationssystem ein, so wird er diese nur erreichen, wenn das System gleichzeitig weiß, wo sich Schiff oder Fahrzeug aktuell befinden. Ist der Start- oder Ausgangspunkt nicht bekannt, wird das Schiff oder das Fahrzeug irgendwo ankommen – aber nicht am gewünschten Zielort.

Zweitens: Ohne realistische Beurteilung der Ausgangslage ist die Wahrscheinlichkeit hoch, dass ein nicht erreichbares »Mondziel« oder eine zu leicht erreichbare, zu wenig anspruchsvolle Vorgabe vereinbart wird. Aus diesen beiden Gründen – und um im Zusammenhang mit der bereits andiskutierten Thematik »Wie groß ist unser Potenzial?« eine Zielgröße und messbare Kennziffern zu definieren – macht es Sinn, zunächst die externe Situation zu analysieren.

Analyse der externen Situation

Drei Bereiche spielen hier eine wesentliche Rolle: der Markt, der Wettbewerb und sich abzeichnende Trends.

Der Markt

Beschäftigen Sie sich als Erstes mit dem Markt als Ausgangsbasis. Dabei sind die folgenden Fragen und weitere mehr zu beantworten:

- Nach welchen Kriterien definieren wir »unseren« Markt? Wie groß ist er aktuell? Wie groß wird er in drei Jahren sein?

- Was verlangt unser Markt – heute und morgen? Wie gut können wir die erforderlichen Bedingungen heute und morgen erfüllen? Kennen wir diese »Erfolgsfaktoren«?

- Wie gehen wir mit Über- oder Untererfüllung der Marktanforderungen um? Bauen wir unser Leistungsspektrum dort aus, wo der Markt es verlangt? Verkleinern wir es dort, wo der Markt nicht bereit ist, für bestimmte Teilleistungen zu bezahlen?

Der Wettbewerb

Zudem ist es sinnvoll, sich dem Wettbewerb zu widmen:

- Bei welchen Faktoren – außer dem Preis – stehen wir besser, bei welchen schlechter dar im Vergleich zum relevanten Wettbewerb?

- Wie groß sind die Lücken und wo ergibt sich daraus warum für uns Handlungsbedarf?

- Wie können wir Alleinstellungsmerkmale für unser Angebot definieren und sie marktgerecht kommunizieren?

Die Trends

Last but not least gilt es, sich mit aktuellen Trends zu befassen und abzuschätzen, inwieweit Trends, Megatrends, politische, technische, kulturelle, gesellschaftliche oder andere Entwicklungen unser zukünftiges Geschäft positiv oder negativ beeinflussen werden – und welcher Handlungsbedarf deshalb besteht.

Analysegegen-stand	Diagnose-Tool bzw. -Methodik	Fragestellung/Ziel
Markt	▪ Marktpotenzial ▪ Erfolgsfaktoren	▪ Wie groß ist unser Markt? Heute? Morgen? → **Priorisierung** ▪ Welche Erfolgsfaktoren sind in unserem Markt wichtig? → **Priorisierung**

Analysegegen-stand	Diagnose-Tool bzw. -Methodik	Fragestellung/Ziel
Wettbewerb	▪ Wettbewerbsanalyse ▪ Positionierung im Wettbewerb	▪ Wo und wie groß sind die Lücken zum Wettbewerb? → **Handlungsbedarf** ▪ Welche USP hat/kommuniziert der Wettbewerb? → **Handlungsbedarf**
Trends	▪ Trends ▪ Technische, politische und gesellschaftliche Entwicklungen	▪ Welche Erfolgsfaktoren sind in unserem Markt wichtig? → **Handlungsbedarf** ▪ Welche Megatrends sind relevant für unser Geschäft? → **Handlungsbedarf**

Analyse der internen Situation

Dieser Schritt umfasst ebenfalls drei Bereiche: das Unternehmen selbst, seine Kunden und seine Produkte.

Das Unternehmen

Das Unternehmen lässt sich beispielsweise hervorragend mit dem allgemein und weithin bekannten Tool SWOT-Analyse (SWOT steht für *strengths* (Stärken), *weaknesses* (Schwächen), *opportunities* (Chancen) und *threads* (Risiken)) untersuchen. Wichtigster Aspekt hierbei ist meines Erachtens, dass es nicht bei einer reinen Beschreibung bleibt. Viel wichtiger als lediglich die Konstatierung eines Status quo ist es, welche Konsequenzen für das Unternehmen sich aus den Feststellungen ergeben.

Es empfiehlt sich, zumindest aus den identifizierten relevanten Schwächen und Risiken, gegebenenfalls auch aus den erkannten Stärken und Chancen, geeignete Maßnahmen abzuleiten, diese zu priorisieren und mit eindeutigen Verantwortlichkeiten zu versehen. Schließlich sollen drohende Risiken oder verheißungsvolle Chancen nicht einfach nur im Workshop erkannt und aufgeschrieben werden. Vielmehr gilt es, die passenden Aktivitäten zu planen und anzustoßen, um Risiken zu vermeiden oder abzusichern und um sich bietende Chancen zu ergreifen und zu monetarisieren.

Darüber hinaus gibt es eine Vielzahl weiterer Tools und Methoden, mit denen sich ein Unternehmen – insbesondere der Vertrieb – sowie die eigene Positionierung treffend analysieren lässt. Zu empfehlen ist hier exemplarisch eine Analyse der verkaufsaktiven Zeit: Zu welchem Anteil verbringen Vertriebsmitarbeiter im Außendienst ihre Zeit mit, bei und für ihre Kunden? Diverse Studien zeigen hier einen traurigen Wert von 10 bis maximal 25 % auf (Miller Heiman Group 2011) – die von Milz & Comp. zugrunde gelegte und in Projekten als möglich und effizient nachgewiesene Benchmark liegt bei über 50 %! Den Rest der Zeit verbringt der Vertrieb mit Administration, Reisen, Troubleshooting, Vor- und Nachbereitung und anderen Aktivitäten. Auch hier gilt es, wirkungsvolle Maßnahmen zu benennen und einzuleiten, um einen ungenügenden Zustand in Best Practice zu überführen.

Die Kunden

Für den zweiten Bereich, die Kunden, gilt: Die meisten Unternehmen, die ich kenne, segmentieren hier mithilfe einer ABC-Analyse nach Umsatz. Dabei werden die Kunden in drei oder vier Kategorien unterteilt: A, B, C und gegebenenfalls 0. A-Kunden bringen kumuliert 80 % des Umsatzes, B-Kunden 15 % und C-Kunden 5 %. Als 0-Kunden bezeichnet man diejenigen, mit denen aktuell kein Umsatz generiert wird, die also inaktiv sind.

Erfahrungsgemäß werden rund 80 % des Umsatzes mit 20 % der Kunden erzielt. Entsprechend machen ganze 80 % der Kunden nur 20 % des Umsatzes aus. Hier heißt es: viel Arbeit, wenig Gewinn. Es gilt also, die wichtigen 20 % zu ermitteln und diese Kunden bei allen Bemühungen in den Vordergrund zu stellen. So weit, so gut. Doch ist eine umsatzorientierte Betrachtungsweise tatsächlich zu empfehlen?

Meiner Meinung nach ist die Fokussierung auf eine ABC-Umsatzanalyse die zweitschlechteste aller Möglichkeiten (die schlechteste ist, gar nichts zu machen!). Denn jeder halbwegs gute Vertriebsmitarbeiter weiß, wer seine – nach Umsatz betrachtet – A-Kunden sind. Wenn sich hier im Zeitverlauf Probleme oder Umsatzrückgänge einstellen, wird dies auch ohne aufwendige Kundenanalysen auffallen. Um die betreffenden Personen kümmert sich der Vertriebsmitarbeiter sowieso instinktiv am intensivsten. Außerdem bildet die ABC-Analyse nur die Gegenwart ab, wichtig ist aber auch gerade die Frage: Welche Kunden sind nicht nur heute, sondern auch morgen wichtig? Umgekehrt werden Umsatzveränderungen bei den C-Kunden häufig nicht weiter beachtet, da sie als unwesentlich angesehen werden – ein fataler Trugschluss!

Fragen Sie nicht nur »Wie wichtig ist der Kunde für mich?«, sondern fragen Sie auch »Wie wichtig bin ich für den Kunden?«. Denken Sie darüber nach, welche Konsequenzen sich aus dieser Frage für den Umgang mit Ihren Kunden ergeben. Vielleicht sind Sie für Ihren besten Topkunden nur ein »kleiner C-Lieferant« (der auch als solcher behandelt wird). Wegen der Unwesentlichkeit der Kostenposition, die Ihre Lieferungen als Materialaufwand bei Ihrem Kunden ausmachen, kann dies beispielsweise bedeuten, dass sich Preiserhöhungen leichter durchsetzen lassen.

Wie aber könnte eine sinnvollere Kundensegmentierung aussehen? Wer dem Gedanken folgt, dass eine Umsatzorientierung lediglich Gegenwart und Vergangenheit abbildet (Gleiches gilt übrigens für den Deckungsbeitrag), sollte die Analyse in Hinblick auf eine zielgerichtete Vertriebssteuerung um die Dimension »Zukunft« erweitern. Statt sich zu fragen »Wo waren wir in der Vergangenheit erfolgreich?«, sollte die Leitfrage lauten »Wo liegen die größten und attraktivsten Potenziale, um in Zukunft erfolgreich zu sein?«.

Teilen Sie also Ihre Kunden nach den Kriterien Umsatz UND Potenzialausschöpfung ein! Im Ergebnis werden Sie vier Kundencluster erhalten, wobei Sie für jedes einzelne eine individuelle Norm- oder Marktbearbeitungsstrategie definieren sollten.

- Kunden, mit denen Sie aktuell bzw. in der letzten Periode nur wenig Umsatz gemacht haben und die nur ein sehr geringes Potenzial, eine niedrige Wahrscheinlichkeit haben, dass sie

in absehbarer Zeit mehr Bedarf für Ihre Waren und Dienstleistungen haben könnten. Dies sind – zumindest in meiner Terminologie – klassische **Kleinkunden**.
Eine Normstrategie hier muss vor allem darauf abzielen, den Betreuungsaufwand für diese Kunden klein zu halten.

- Kunden, mit denen Sie in der letzten Periode verhältnismäßig viel Umsatz gemacht haben, bei denen Sie aber bereits einen hohen Lieferanteil oder *Share of Wallet* realisieren. Das heißt, dass deren Bedarf nach einem Mehr an Ihren Leistungen auf absehbare Zeit nicht vorhanden ist. Diese Kunden können wir **Basiskunden** nennen.
  Bei diesem Cluster lautet die grundsätzliche Strategie zur effizienten Bearbeitung »Sicherstellung der Kundenzufriedenheit und Aufbau von Kundenbindungsinstrumenten«; ansonsten sollte auch hier der Betreuungsaufwand optimiert werden.

- Kunden, mit denen aktuell nur wenig Umsatz realisiert wurde, deren potenzieller Bedarf nach Ihren Leistungen aber riesig ist, werden als **Entwicklungskunden** bezeichnet.

- Kunden, mit denen Sie bisher schon einen hohen Umsatz realisieren konnten, deren Bedarf aber noch bei Weitem nicht durch Ihren bisherigen Lieferanteil gedeckt ist, nennen wir **Topkunden**.

Für die beiden letzten Segmente lautet die Empfehlung: Gas geben. Hier lohnt es sich, den Betreuungsaufwand massiv auszubauen, was – zumindest im Fall der Entwicklungskunden – so ziemlich das Gegenteil davon ist, wie die meisten Vertriebsabteilungen agieren.

> Definieren Sie harte Grenzen, um die Cluster eindeutig voneinander abzugrenzen. Nur so können Sie »viel« von »wenig« sowohl bei Umsatz als auch bei Potenzial eindeutig unterscheiden und es ist klar, welcher (Bestands-)Kunde welchem Segment zuzuordnen ist und welche entsprechend definierte Betreuung er erfährt.

Im Ergebnis zeigt sich typischerweise oft ein Bild wie in Abbildung 3, das einem realen Kundenprojekt entnommen wurde.

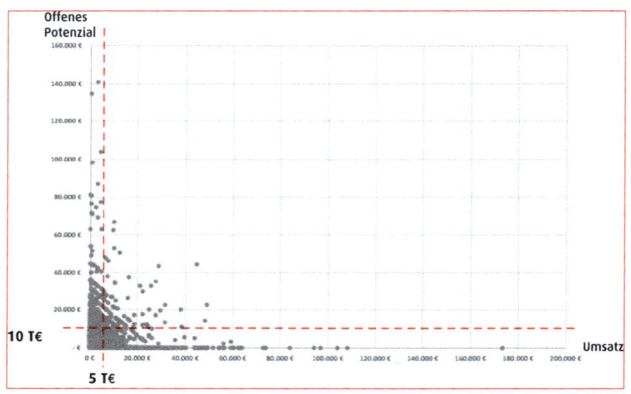

Abb. 3: *Visualisierte Kundensegmentierung*

Hieraus lassen sich – wie den Abbildungen 4 und 5, die aus dem gleichen Projektbeispiel stammen, zu entnehmen ist – die Potenziale je Segment ableiten und visualisieren. Zudem lassen sich die vorhandenen Mitarbeiterressourcen einem Segment zuordnen und so eine optimale Betreuungsintensität je Cluster definieren.

Abb. 4: *Visualisierung »Umsatz und Potenziale je Segment«*

Entwicklungskunden insgesamt	1.280	Topkunden insgesamt	380
Entwicklungskunden pro VKB ca.	15	Topkunden pro VKB ca.	5
davon Strategie »Ausbauen«	8	davon Strategie »Halten«	2
Sollbesuche p. a. »Ausbauen« min.	15	Sollbesuche p. a. »Halten« min.	12
Sollbesuche p. a. »Ausbauen« max.	24	Sollbesuche p. a. »Halten« max.	18
		davon Strategie »Ausbauen«	3

davon Strategie »Reduzieren«	7	Sollbesuche p. a. »Ausbauen« min	15
Sollbesuche p. a. »Reduzieren«	6	Sollbesuche p. a. »Ausbauen« max.	24
Summe Besuche min.	162	Summe Besuche min.	69
Summe Besuche max.	234	Summe Besuche max.	108
Kleinkunden insgesamt	**4.980**	**Basiskunden insgesamt**	**1.530**
Kleinkunden pro VKB ca.	60	Topkunden pro VKB ca.	20
Sollbesuche p. a. »Reduzieren«	6	Sollbesuche p. a. »Halten« min.	12
		Sollbesuche p. a. »Halten« max.	18
Summe	162	Summe Besuche min.	240
		Summe Besuche max.	360

Abb. 5: *Berechnung Möglichkeiten der Betreuung und benötigte Kapazitäten und Ressourcen*

Wenn nach diesem Schritt klar ist, welche Vertriebsressourcen zu welchen Anteilen auf bestehende und neue Kunden aufgeteilt werden sollen, um dem Effizienzgedanken zu entsprechen, stellt sich weiterhin die Frage, welche Leistungen denn überhaupt für welche Kundencluster erbracht werden sollen bzw. für welche Teilleistung genau welche Kunden überhaupt bereit sind zu zahlen – und wie viel sie zahlen würden. Mehr über diese Faktoren bezüglich der Kundenwünsche oder -bedürfnisse herauszufinden, um erkennen zu können, an welcher Stelle das Unternehmen besser werden muss und wo ressourcenverschwendend übererfüllt wird, ist ebenfalls ein sehr relevanter Teil der strategischen Diagnose. Diese Untersuchung stellt die

Grundlage für mehr Kundenorientierung, höhere Kundenzufriedenheit, bessere Kundenbindung und eine nachfolgend optimierte Preispolitik dar.

Die Produkte

Nachdem sowohl die Ausgangslage als auch strategische Möglichkeiten hinsichtlich der »Bestandskunden« definiert wurden, gilt es nun, einen Blick auf die Produkte zu werfen: Auf der einen Seite ist es sinnvoll, ähnliche Überlegungen wie bei den Kunden in Bezug auf eine Clusterung (zum Beispiel ABC-, Umsatz- oder Deckungsbeitragsanalysen, Portfolio-Clusterungen) inklusive der Konsequenzen daraus anzustellen. Auf der anderen Seite sollte eine Produktlebenszyklusanalyse durchgeführt werden. Sie gibt Hinweise darauf, wie ausgeprägt die Differenzierung zum Wettbewerb bei den Produkten aktuell ist, ob die verlangten Preise dem jeweiligen Produktlebensalter entsprechen oder ob ein Produkt gegebenenfalls vom Markt genommen oder dringend erneuert werden sollte.

Analysegegenstand	Diagnose-Tool bzw. -Methodik	Fragestellung/Ziel
Unternehmen	• SWOT-Analyse • Analyse verkaufsaktive Zeit	• Welche notwendigen Maßnahmen ergeben sich vor allem aus unseren Schwächen, Chancen und Risiken? → **Priorisierung** • Wo und wie können wir wertschöpfende Verkaufszeit optimieren? → **Handlungsbedarf**

Analysegegen-stand	Diagnose-Tool bzw. -Methodik	Fragestellung/Ziel
Kunde	• Kundenpotenzial-analyse • Faktoren für Kundenbegeisterung	• Welchen Stellenwert haben Kunden für das Unternehmen? → **Priorisierung** • Wo sind noch Potenziale bei Bestands- und Neukunden? → **Handlungsbedarf**
Produkte	• ABC-Analyse des Produkts • Produktlebenszyklusanalyse	• Welchen Stellenwert haben Produkte für das Unternehmen? → **Priorisierung** • In welcher Phase befinden sich die Produkte? → **Handlungsbedarf**

Wohin soll es gehen und wie kommen wir dorthin?

Nachdem eine solche fundierte Analyse der Ausgangslage vorgenommen und der Status quo (»Startpunkt« der Reise) festgestellt wurde, folgt der nächste Schritt. Es geht darum, die **Vision** zu definieren, das Ziel zu benennen: Wohin wollen wir? Diese Frage zu beantworten ist im wesentlichen Aufgabe der Unternehmensführung, gelingen kann sie allerdings nur mit Unterstützung des Teams. Zuallermindest jedoch sollte die Zielformulierung umfassend an jeden einzelnen Mitarbeiter kommuniziert werden.

Wenn klar ist, wo es hingehen soll, ist noch zu klären, wie der Weg dorthin aussieht. Spätestens an dieser Stelle sollte auch die vollständige zweite oder gar dritte Ebene im Unternehmen eingebunden sein, denn deren Aufgabe besteht letztlich darin, die erarbeitete Strategie für das Unternehmen auf die einzelnen Bereiche herunterzubrechen und umzusetzen, also auch auf den Vertrieb.

Darauf, wie Visionen und Ziele formuliert und Strategien entwickelt werden, wird in diesem Buch nicht näher eingegangen. Wer dies näher nachlesen möchte, dem sei beispielsweise mein Buch »Vertriebspraxis Mittelstand« ans Herz gelegt. Wichtig hierbei ist, dass die Vision nicht etwa ein abstraktes, inhaltsleeres Blabla ist, das sich vermeintlich gut in einer Imagebroschüre macht, sondern ein ganz konkretes, qualitativ und quantitativ greifbares Ziel, aus dem sich entsprechende Strategien ableiten lassen.

Um die weiteren Schritte hin zu einem systematischen Vertrieb, den »Unterbau« der Strategiepyramide (s. Abb. 1), geht es in den folgenden Kapiteln. Dazu werden die erforderlichen Prozesse definiert und die benötigten Strukturen benannt. Die Erkenntnisse daraus fließen dann in einen Maßnahmenplan. Wer macht was bis wann?, so lautet hier die Frage. Dazu werden Meilensteine bzw. Termine sowie Verantwortlichkeiten festgelegt.

Auf einen Blick: Analyse der Ausgangssituation

- Führen Sie eine Standortbestimmung durch.
- Befassen Sie sich mit den externen Bedingungen, also dem Markt, dem Wettbewerb und den Trends.
- Analysieren Sie die interne Situation, genauer: das Unternehmen selbst, Ihre Kunden und Ihre Produkte.
- Formulieren Sie die Vision und passende Ziele für Ihr Unternehmen.

KÖNNEN sicherstellen: Ergänzen, was fehlt

In diesem Kapitel geht es darum herauszufinden, mit welchen Hilfestellungen Sie die Vertriebsmitarbeiter in Ihrem Unternehmen unterstützen können. Am Ende sollen alle über die Fähigkeiten verfügen, die noch fehlen, um die an sie gestellten Erwartungen zu erfüllen.

Bestandsaufnahme: Was wird gebraucht?

Die folgenden Fragen helfen Ihnen dabei, erst einmal die Ist-Situation zu hinterfragen:

- Wie erkenne ich, an welchen Stellen Mitarbeitern Fähigkeiten fehlen?

- Welche Trainings- oder Coachingmaßnahmen sind vor diesem Hintergrund sinnvoll?

- Wie befähige ich meine Mitarbeiter, die an sie gestellten Erwartungen zu erfüllen?

- Wie binde ich alle Beteiligten sinnvoll in den anzustoßenden Prozess ein?

BEISPIEL

Als Beratungsgesellschaft und Trainingsanbieter erreichen uns regelmäßig eher unspezifische Anfragen aus Human-Resources-Abteilungen (HR).

»Wir interessieren uns für ein zweitägiges Vertriebstraining. Bitte schicken Sie uns ein Angebot.«

Manchmal auch – und damit zumindest schon ein wenig konkreter – versehen mit dem Nachsatz:

»Unser Sales-Team besteht derzeit aus zehn Mitarbeitern und tut sich laut eigener Aussage insbesondere damit schwer, unsere Preise am Markt durchzusetzen. Darum sollte das Schwerpunktthema eines Trainings ‚Preisverhandlung' sein. Das Team ist eher heterogen, es besteht aus alten Hasen und Kollegen, die erst seit einem Jahr bei uns arbeiten. Es gibt zwei, drei Kollegen, die aufgrund ihrer Erfahrung, Kundenakzeptanz und Erfolge vor allem die Großkunden betreuen. Außerdem halten wir ein, zwei Kollegen derzeit für ‚Sorgenkinder'. Insbesondere für diese erhoffen wir uns von der Veranstaltung großen Nutzen.«

Und damit, glaubt der Auftraggeber, wurden wir ausreichend gebrieft. Der Irrtum könnte kaum größer sein, wie in den folgenden Ausführungen dargestellt wird. Ein Vorschlag, wie es besser gehen kann, schließt sich an.

WER sollte trainiert werden?

Diese Frage mag merkwürdig klingen, doch schon bald werden Sie verstehen, warum ich sie stelle. Zudem möchte ich vorab darauf hinweisen, dass das, was folgt, bewusst provokativ und polarisierend formuliert ist. Es gibt einen großen Unterschied zwischen der deutschen und der angelsächsischen Mentalität: Wenn ich deutsche Führungskräfte coache, werde ich häufig gebeten, die Rechnung doch bitte über »Strategieberatung« oder eine ähnliche Leistung zu stellen – im Unternehmen solle niemand mitbekommen, dass Herr/Frau XY ein Coaching erhält.

Der Grund dafür: Im deutschen Mittelstand herrscht häufig immer noch der Glaube vor, ein Coaching oder Hilfe müssten vor allem diejenigen erhalten, die »es nötig haben« – sprich: die Schlechten! Was in etwa gleichbedeutend damit ist, dass der Trainer von Cristiano Ronaldo zu seinem Superstar sagt: »Du brauchst nicht zu trainieren – du kannst ja Fußball spielen!« Genau das Gegenteil ist der Fall: Die Superstars, in egal welcher Disziplin, sind in der Regel GENAU DESWEGEN ganz an der Spitze, weil sie nicht nur talentiert, sondern vor allem diszipliniert sind. Sie trainieren eher mehr als die Durchschnittlichen oder Schlechten.

In den 1990er-Jahren formulierte der schwedische Psychologe Karl Anders Ericsson (Ericsson et al. 1993) eine These, die später der kanadische Publizist und Unternehmensberater Malcolm Gladwell aufgriff (Gladwell 2010): Jeder – egal ob Sportler, Musiker oder eben Verkäufer – könne mit 10.000 Stunden Übung oder 10.000 Wiederholungen zum Meister seines Fachs werden. Dieser Ansatz wird in Literatur und Forschung mittlerweile durchaus angezweifelt. Dennoch: Dass »Übung den Meister macht« und (neben Leidenschaft, Disziplin, Glück und auch Talent) Grundvoraussetzung für Erfolg und Perfektion ist, daran zweifelt niemand.

Hier zeigt sich ein unmittelbarer Kausalzusammenhang, nur werden im Vertrieb meist Ursache und Wirkung verwechselt. Angenommen, dass mithilfe von Training und Coaching die Wirksamkeit von im Vertrieb arbeitenden Menschen um mindestens 10 % gesteigert werden kann – bezogen auf den Vertrieb ist diese Zahl meiner Erfahrung nach durchaus plausibel bzw. eher zu zurückhaltend eingeschätzt: Bei wem ist eine Investition in Persönlichkeitsentwicklung und Coaching dann eher sinnvoll? Bei demjenigen, der aktuell 500.000 Euro akquiriert, betreut oder verantwortet, oder bei dem, der für fünf Millionen Euro zuständig ist? Zugegeben, das ist eher eine rhetorische Frage. Jeder, der des Rechnens halbwegs mächtig ist, kennt die Antwort. Und doch leben, operieren und arbeiten die meisten Unternehmen eher NICHT nach dieser Logik ...

So zurückhaltend wir Deutschen bei diesem Thema häufig sind, umso lautsprecherischer sind hier die Amerikaner unterwegs: »Mein Chef glaubt an und investiert in mich – ich erhalte ein Coaching!« Zwar will ich keineswegs die angelsächsische Mentalität grundsätzlich in den Himmel loben. Doch die Inanspruchnahme von Coaching und Training positiv zu bewerten, da dadurch ein Mitarbeiter – unabhängig ob gut oder schlecht – »besser« werden soll, überzeugt eher als der in Deutschland verbreitete Ansatz, dass jemand, der Hilfe in Anspruch nimmt, dies tut, weil er »es« nicht draufhat.

Ich persönlich kenne im beruflichen wie privaten Umfeld sehr viele Menschen, für die – vermutlich seit Zeiten der Nachhilfe in Mathe zu Schulzeiten – Unterstützung von außen wie ein Eingeständnis von Schwäche wirkt, als würde man es nicht allein schaffen. Statt Hilfe als das zu sehen, was sie wirklich ist, sich über Entwicklungschancen zu freuen und jede Gelegenheit dazu beim Schopf zu ergreifen.

> Coaching, Training, Beratung oder Hilfe jeglicher Art anzunehmen ist KEIN Zeichen von Schwäche oder Dummheit, sondern ganz im Gegenteil eine Eigenschaft besonders erfolgreicher Menschen. Qualifizierte Unterstützung sorgt für Abkürzungen und Beschleunigung im Prozess verglichen damit, auf sie zu verzichten. Insbesondere führt sie dazu, dass nicht jeder jeden Fehler selbst machen muss, um zu erkennen, welcher Weg der bessere ist!

Zusammengefasst lautet somit die Antwort auf die Frage, wer Training oder Coaching im Unternehmen bzw. im Vertrieb erhalten soll: jeder. Oder wissen Sie von irgendeiner beliebigen Spitzenmannschaft im Sport, bei der jemand aus dem Team nicht trainiert wird? Allerdings braucht nicht jeder das Gleiche und auch nicht im gleichen Umfang (dazu später mehr).

WAS sollte trainiert werden?

In dem Beispiel am Kapitelanfang wurde als Aufgabe wahrscheinlich »Vertriebstraining« angegeben (quasi ein Synonym für »Ich weiß auch nicht, was trainiert werden soll – aber irgendwie soll unser Vertrieb hinterher besser funktionieren ...«) oder aber – sozusagen auf Wunsch des Teams – »Preisverhandlung«. An unserer Akademie bilden wir Mitarbeiter aus dem Vertrieb in über 80 verschiedenen Trainings in der Anwendung vieler Hunderter Skills und Werkzeuge aus, damit sie im vertrieblichen Alltag erfolgreicher bestehen können. Und dies geschieht sehr individuell und unabhängig davon, ob wir es mit einem Cristiano Ronaldo des Vertriebs zu tun haben oder mit einem Kollegen, der gerade seine Premiere auf dem Fußballplatz hat bzw. zum ersten Mal von seinem Vorgesetzten in den Vertriebsalltag geschickt wird. Das Vorgehen gemäß »Ich selbst oder das Team entscheide(t) darüber, welche Fertigkeiten mir/uns am nützlichsten sind« halten wir daher für denkbar ungeeignet.

BEISPIEL

An meiner ersten Arbeitsstelle nach meinem Studium bei einer der großen vier Wirtschaftsprüfungsgesellschaften gab es einen 250 Seiten dicken Weiterbildungskatalog. Hieraus konnte und sollte sich jeder die individuell passenden Seminare aussuchen, die in der Regel auch bewilligt wurden.

Highlights für die Mitarbeiter waren die Sprachangebote: Viele meiner Kollegen und ich verwendeten einen großen Teil unserer Arbeitszeit darauf, den computergestützten Einstufungstest zur Ermittlung des jeweiligen Sprachlevels so auszutricksen, dass wir »gut genug« waren, um uns für einen zweiwöchigen Sprachurlaub anzumelden, der vom Arbeitgeber finanziert wurde.

Gleichzeitig durften wir nicht zu gut sein, um nicht den Anschein zu erwecken, die Weiterbildung wäre unnötig gewesen. Am Ende erlebten wir, was in solchen Fällen meistens stattfindet: ein Incentive, ein Goodie für den Mitarbeiter – jedoch nicht zwangsläufig eine für den Unternehmenserfolg notwendige oder sinnvolle Maßnahme.

Lassen Sie sich kurz auf ein Gedankenspiel ein: Angenommen, ein »perfekter« Vertriebsmitarbeiter benötigt für die Neukundenakquise 20 wesentliche Skills und Fähigkeiten in unterschiedlicher Ausprägung. Und nehmen wir weiter an, dass nun ein recht neuer Kollege in seinem zweiten Jahresgespräch mit dem Fachvorgesetzten und der Personalabteilung gefragt wird, was er sich denn für seine persönliche Weiterentwicklung wünscht. Wie viel Wert und Nutzen kann die Einschätzung dieses Mitarbeiters, der beispielhaft überhaupt nur zwölf dieser 20 Skills kennt und in seiner Eigenwahrnehmung in den meisten davon »nahezu perfekt« ist, haben? Selbst wenn wir davon ausgehen, dass der Fachvorgesetzte oder die Human-Resources-Verantwortlichen die Fremd- und Eigenwahrnehmung dieses

Mitarbeiters berücksichtigen und eine bessere Übersicht über die aktuellen am Markt benötigten, verfügbaren und vor allem existierenden Skills besitzen, so wird auch deren letztlich beschränkte Marktübersicht dazu führen, dass ihr Urteil längst nicht so umfassend und treffgenau ausfallen kann wie das eines Spezialisten. Denn er ist tagtäglich damit befasst, genau diese Kenntnisse auszubauen und zu aktualisieren.

Genau aus diesem Grund ist es sinnvoll, in regelmäßigen Abständen Spezialisten hinzuzuziehen. Sie unterstützen dabei, den Gap zwischen Mitarbeiterprofilen und benötigten Anforderungen für die jeweilige Tätigkeit zu ermitteln, um sie im Nachgang gemeinsam mit dem Mitarbeiter schließen zu können.

Wie sollte ein Training oder Coaching ablaufen?

Inzwischen wissen Sie, wen Sie in den Fokus stellen sollten, um den Vertrieb im Unternehmen besser aufzustellen. Und Sie wissen, was hier inhaltlich fehlt, um den Umsatz auf systematische Weise zu steigern. Üblicherweise finden, um das notwendige Wissen zu vermitteln, Seminare und Workshops statt, die von fachlich versierten Beratern geplant, ausgerichtet und durchgeführt werden.

Wenn beispielsweise ein Kunde bei uns anruft, um ein Eintagesseminar zu buchen, etwa zum Thema Preisverhandlung, lautet eine unserer ersten Fragen an ihn: »Was ist das

Ziel der Veranstaltung?« Handelt es sich vorwiegend um eine Incentive-Maßnahme nach dem Motto »Wir müssen unseren Leuten mal wieder was bieten ...«, mag ein einzelner Tag das ideale Zeitmaß sein. Gerne entsende ich in diesem Fall meinen unterhaltsamsten Kollegen. Soll es aber darum gehen, dass die Mitarbeiter fit werden in Preisverhandlungen, ist eine Eintagesveranstaltung sicher nicht zielführend.

Bei einem Zeitbudget von acht Stunden werden durchschnittlich 25 % für Kennenlernen, Warmwerden, Erwartungshaltung und Abholen beim jeweiligen Status quo genutzt, 30 % für die Vermittlung von Impulsen und Wissen sowie 15 % für die Transfersicherung und das Feedback. Für das, was die nachhaltigsten Erfolge bringt – das intensive Trainieren des Neuen in Rollenspielen und Übungen nebst gemeinsamem und gegenseitigem Feedback –, bleiben nur 30 %. Bei einer durchschnittlichen Kursgröße von acht Teilnehmern beträgt der Übungsanteil für jeden Einzelnen weniger als eine Stunde.

Weniger ist mehr

Für Seminare und Trainings gilt generell das »Weniger-ist-mehr-Prinzip«. Die Planung sollte so aussehen, dass mindestens 60 % der Zeit darauf verwendet werden können, neue Inhalte zu üben, zu üben und nochmals zu üben! Und dann im Nachgang die Dinge einfach zu tun, zu tun und nochmals zu tun!

Der Psychologe Hermann Ebbinghaus hat schon Ende des 19. Jahrhunderts nachgewiesen, dass wir Erlerntes schnell wieder vergessen. Bereits 20 Minuten nach dem Lernen können wir nur noch 60 % des Gelernten abrufen, nach einer Stunde 45 % und nach einem Tag 34 %. Sechs Tage später ist das Erinnerungsvermögen bereits auf 23 % geschrumpft. Dauerhaft speichert der Mensch nur 15 % des Erlernten im Gedächtnis (Ebbinghaus 1885, Seite 103/104).

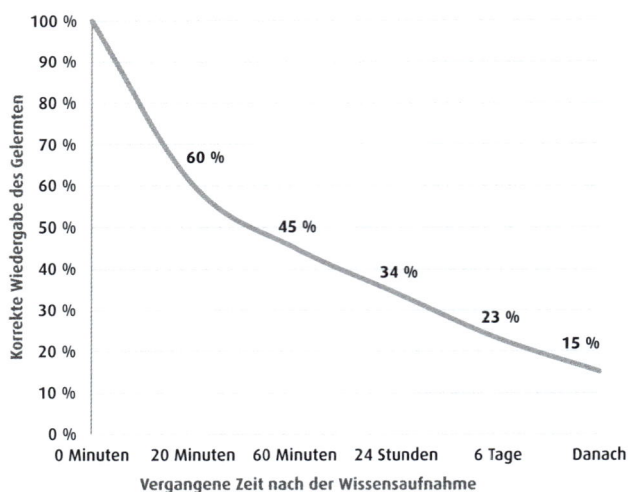

Abb. 6: *Vergessenskurve nach Ebbinghaus (Eigene Darstellung nach Ebbinghaus 1885, Seite 103)*

Präsenzveranstaltung online vorbereiten

In der Praxis gestaltet sich das idealerweise so, dass bereits im Vorfeld – circa sechs bis acht Wochen vorab – bei einer zweitägigen Schulung, zum Beispiel über eine Online-Lernplattform, alles Wissensrelevante übermittelt wird. Dabei werden die Teilnehmer aufgefordert, sich die neuen Inhalte bis zur Präsenzveranstaltung anzueignen. Bei diesem gemeinsamen Termin kann der Trainer oder Coach sodann die neuen Wissensimpulse kurz referieren, um dann den Großteil der Zeit für das Einüben der neuen Inhalte in Rollenspielen oder anderen Trainings zu nutzen.

Ein guter Coach wird am Ende der Präsenzveranstaltung Hausaufgaben zur Umsetzung aufgeben, die idealerweise gleich umsatz- bzw. ertragsrelevant sind. Die Überprüfung, ob diese erledigt werden, wird zum Beispiel an die Führungskraft der Teilnehmer oder an Kollegen, die auch bei dem Seminar dabei waren, delegiert. Sechs Wochen später findet dann via Online-Meeting oder persönlich noch einmal ein Review zum Thema statt, in dem sich die Teilnehmer über ihre Erfolge und Misserfolge bei den Umsetzungsaufgaben austauschen, um aus den Erfahrungen der Kollegen zu lernen.

Wie lassen sich Effizienz, Effektivität und Nachhaltigkeit sicherstellen?

»Seminare sind Schwachsinn und bringen nichts!«, meinte neulich ein potenzieller Kunde, marktführender Großhändler technischer Teile, zu mir. Ich war perplex und fragte mich, was eine solch vernichtende Aussage über meine Branche ausgelöst hatte. Und hier die Geschichte dahinter:

Letztes Jahr hatte dieser Mann mit einem unserer Wettbewerber eine umfassende Trainingsoffensive für seine 200 Vertriebsmitarbeiter gestartet. Dafür hatte er einen Batzen Energie, Zeit und Geld aufgewendet – und war nun, vier Monate nach dem Ende der Maßnahme, ernüchtert auf dem Boden der Tatsachen angekommen. »Unsere Topverkäufer, etwa 20 % der Mitarbeiter, sind tatsächlich noch stärker geworden – die restlichen 80 % haben weitgehend resigniert, hier zeigt sich kaum eine Änderung. Die Schere zwischen gut, Mittelmaß und Rest ist damit noch weiter auseinandergegangen«, bilanzierte er. Und sorgte sich, dass viele seiner Durchschnittsverkäufer das Gefühl haben könnten, dass die Erwartungen an sie höher und der Druck stärker geworden sei. In der Konsequenz würden diese Mitarbeiter vielleicht kündigen und zu einem Wettbewerber wechseln. Sicher, das ließe sich bei dem einen oder anderen gut verschmerzen. Doch seine Erwartungshaltung vor der Vertriebsmaßnahme sei eine ganz andere gewesen.

»Welche denn?«, fragte ich ihn. »Was war denn das Ziel der Trainingsmaßnahme und wie das Vorgehen?«

»Es ging mir darum, das Niveau meiner Vertriebsmannschaft insgesamt anzuheben«, antwortete er, erstaunt über meine naive Frage.

Und das geht tatsächlich. Natürlich lässt sich das Niveau von 200 Individuen auf ein neues Niveau heben. Aber nicht mit einem »One-fits-all-Paket«. Nicht, indem alle Mitarbeiter in die gleichen Seminare geschickt werden getreu dem Motto: »Irgendwas werden schon alle mitnehmen.«

Bei Verkaufswettbewerben sieht es häufig nicht anders aus: Es ist empirisch nachgewiesen, dass das Ausloben von Preisen für die besten Verkäufer und ein Ranking der Vertriebler untereinander durchaus anspornt: die Topverkäufer. Für alle anderen ergibt sich ein Null- oder sogar Negativeffekt: »Für mich ist das eh nicht relevant, da brauche ich mich gar nicht erst ins Zeug zu legen.« Ähnlich ist die Wirkung groß angelegter Trainingsmaßnahmen: Einige Teilnehmer verbessern ihre Leistungen, doch die meisten bleiben auf dem aktuellen Stand oder werden sogar schlechter. Insofern war das, was mein Kunde in seinem Unternehmen beobachtet hatte, durchaus typisch.

Mein Rat lautet auch hier, eben NICHT per Gießkanne in ein One-fits-all-Konzept zu investieren, sondern jeden dort abzuholen, wo er gerade steht, und jeden entsprechend seinen Bedürfnissen zu schulen und zu betreuen.

Das richtige Inhouse-Training für Ihr Sales-Team

Machen wir ein weiteres Gedankenspiel und nehmen für einen Moment an, es würde kein Seminar zum Thema Preisverhandlung durchgeführt, sondern ein Englischtraining für zehn Kollegen aus dem Vertriebsteam. Die zwei bis drei »Superstars« wären dann die Kollegen, die fließend Englisch sprechen und lediglich den letzten Feinschliff in »Negotiating for Professionals« benötigen. Das »Sorgenkind« wäre der Kollege, für den die allererste Englischstunde ansteht, während die sechs bis sieben übrigen Kollegen mittelmäßig Englisch sprechen. Und für diese zehn Menschen soll ein einziges Englischtraining stattfinden.

Was geschehen wird, ist absehbar: Die Superstars langweilen sich und fühlen sich unterfordert, der Newcomer ist überfordert. Und was die restlichen Kollegen für sich an nachhaltigem Input mitnehmen, lässt sich schwer vorhersagen. Genau dieses Ergebnis beobachten wir in Vertriebstrainings regelmäßig, wenn »One-size-fits-all-Trainings« mit der Gießkanne über ein Sales-Team ausgeschüttet werden. Was dabei herauskommt, ist vorhersehbar, überschaubar und wenig nachhaltig. Der ROI stimmt hier in keinster Weise, was sich vor allem darauf zurückführen lässt, dass eben NICHT jeder dort abgeholt wird, wo er persönlich gerade steht. Und dass eben nicht jeder von dem Punkt aus weiterentwickelt wird, wo er sich gerade befindet – wie etwa in einem individuellen Coaching. Stattdessen wird ein Durchschnitt trainiert – mit bestenfalls durchschnittlichen Ergebnissen.

Trainings können für den Vertriebserfolg und damit für den Unternehmenserfolg durchaus hilfreich sein, wenn die folgenden fünf Voraussetzungen erfüllt sind:

1. Es sollten ALLE von einem Training und Coaching profitieren – insbesondere die High Performer!
2. Trainingsinhalte sollten NICHT nach dem »Wünsch-dir-was-Prinzip« festgelegt werden, sondern von einem externen Spezialisten oder mindestens durch zwei fachkundige Führungskräfte.

3. Es gilt das »Weniger-ist-mehr-Prinzip«: Statt drei neue Trainingsimpulse an einem Tag zu üben, lieber umgekehrt eine für die Mannschaft neue Anregung an drei Tagen trainieren!

4. Wie im Sport: Regelmäßige Wiederholungen und Auffrischungen helfen, gegen das Vergessen anzukämpfen. Es gilt, Routinen zu erlangen, um das neu Erlernte intuitiv im Alltag anzuwenden.

5. Statt per Gießkanne ein »One-size-fits-all-Seminar« für alle Mitarbeiter anzubieten, sollte jeder dort abgeholt werden, wo er bezüglich der neu zu erlernenden Disziplin aktuell steht.

Ist KÖNNEN tatsächlich das Problem?

Training hilft – vorausgesetzt, die gerade benannten Aspekte werden berücksichtigt und bewältigt – nur demjenigen und nur dort, wo es wirklich an Können, an den Fähigkeiten fehlt. Training bringt aber gar nichts, wenn es eben nicht um Kompetenzen geht, sondern um fehlendes Wollen oder schlicht fehlendes Umsetzen. Diesen Themenbereichen widmen sich die nachfolgenden Ausführungen.

Die Frage nach den Zielen und nach dem Vorgehen bei der Qualifizierung einer größeren Gruppe von Mitarbeitern sollte vorab eindeutig geklärt werden:

- Geht es darum, Stärken zu stärken oder Schwächen zu schwächen? Welche sonstigen Zielsetzungen gibt es?

- Wie sollte eine Maßnahme bestmöglich kommuniziert werden, um für eine maximale emotionale und physische Teilhabe aller Beteiligten zu sorgen?

- Setzen wir beim individuellen Leistungsniveau eines jeden Einzelnen an?

- Orientieren wir uns am Tätigkeitsspektrum (Branche, Key-Accounts oder B- und Kleinkunden, Produkte bzw. Wettbewerbsprodukte, ...) jedes Einzelnen?

- Welche Dynamik regen wir durch die jeweilige Gruppenzusammensetzung im Training an?

- Welche Rolle spielen die Führungskräfte? Wie werden sie eingebunden und was können sie zum Gesamterfolg beitragen?

- Beinhalten die Trainings eine ausgewogene Mischung aus (wenig) Status quo, um den Einzelnen abzuholen, neuen Impulsen und neuem Wissen (mäßig) und (vor allem) aus interaktivem eigenem Erleben?

- Wie kann, trotz Gruppenzusammensetzung, gezielt auf die Probleme von einzelnen Mitarbeitern eingegangen werden? Gibt es ein individuelles Coaching, ein Begleiten im Job mit zeitnahem Feedback?

- Wie kann die Nachhaltigkeit des Trainingserfolgs sichergestellt werden? Wer sorgt dafür, dass am nächsten Tag nicht wieder »business as usual« stattfindet?

- Wie kann die kontinuierliche Weiterentwicklung jedes Mitarbeiters über die einzelnen Maßnahmen hinaus sichergestellt werden – analog einer alten Fußballweisheit »nach dem Seminar ist vor dem Seminar«?

All diese Punkte gilt es im Vorfeld einer Trainingsmaßnahme zu beantworten. Ein guter Trainingsanbieter zeichnet sich unter anderem dadurch aus, dass er diese Fragen unaufgefordert mit dem Auftraggeber zu klären bemüht und gewillt ist – und zwar lange Zeit vor der eigentlichen Trainingsmaßnahme!

Training und Coaching in drei Phasen

Grundsätzlich empfehle ich das Vorgehen in drei Phasen. In der Vorphase werden individuelle Entwicklungsbedarfe und -potenziale bei den Mitarbeitern und/oder den Teams identifiziert und anschließend Gruppen gebildet, die hinsichtlich Können und Wollen (s. gleichnamiges Kapitel) möglichst homogen sind. Während der Trainingsphase geht es darum, dass die Teilnehmer mit einer sinnvollen Kombination unterschiedlicher Maßnahmen und Schulungen neue Fähigkeiten erlernen. Der richtige Mix macht's. In der dritten Phase, der Transferphase, werden die erworbenen Techniken und Methoden nachhaltig im Arbeitsalltag der Organisation verankert.

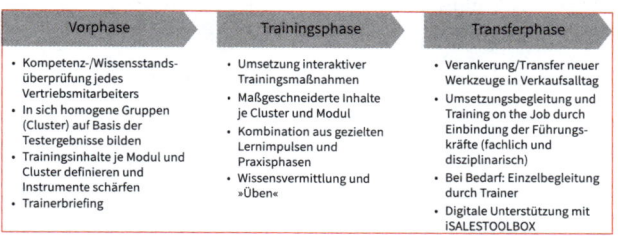

Abb. 7: *Die drei Phasen einer nachhaltigen Trainingsmaßnahme*

Vorphase

Damit Trainings erfolgreich sein können, muss wie beschrieben eine Voraussetzung erfüllt sein: Sie setzen am Kenntnisstand der Gruppe bzw. der einzelnen Teilnehmer an.

- Eine intelligente Bedarfsanalyse einer Vorphase deckt die Lücke zwischen notwendigen und vorhandenen Skills auf.

- Gleichzeitig werden klare Handlungsempfehlungen erarbeitet, welche Methoden und Trainingsinhalte die richtigen sind, um die geplanten Unternehmens-, Vertriebs- oder Mitarbeiterziele zu erreichen.

- Im Lauf der Vorphase werden homogene Lerngruppen gebildet.

- Die Trainingspläne und -inhalte orientieren sich an dem individuellen Lernbedarf der Teilnehmer. Nur so kann sichergestellt werden, dass eine Trainingsinvestition nachhaltig ist.

Nutzen der Vorphase

- Identifikation von Entwicklungspotenzial,

- Bilden homogener Trainingsgruppen mit vergleichbarem Leistungsstand,

- passgenaue Trainingskonzepte für jede Gruppe.

Trainingsphase

Bei der praktischen Umsetzung sollte auf einen intelligenten Mix aus analogen und digitalen Tools und Medien (Blended Learning) gesetzt werden. WISSEN kann im Vorfeld einer Trainingsmaßnahme digital zur Verfügung gestellt werden. In der Präsenztrainingsphase können die Teilnehmer dann verstärkt üben und reflektieren, um tatsächlich Änderungen bei ihren Verhaltensweisen zu erreichen. Nach wie vor halte ich das Gespräch und die Interaktion mit realen Menschen in Präsenztrainings und -coachings für unverzichtbar.

- In den Präsenztrainings trainieren die Teilnehmer absolut praxisorientiert anhand realer Situationen aus ihrem Berufsalltag.

- Alle erlernten Ansätze werden durch praktische Übungen nachhaltig verankert.

- Wo immer es sinnvoll und möglich ist, werden digitale Tools eingesetzt, um das Vermitteln von Inhalten zu erleichtern, das Nachschlagen zu erlauben und insbesondere Wissen nachhaltig in den Köpfen der Menschen zu verankern.

Nutzen der Trainingsphase

- Wissenszugewinn, Aufbau von Know-how sowie Tool- und Methodenkompetenz,

- Stärkung der Motivation im Vertriebsalltag durch neue Impulse,

- Lernen neuer Verhaltensweisen durch Reflexion und Erfahrungsaustausch in der Gruppe, Anregungen durch Tipps und Tricks von Kollegen oder (bei offenen Veranstaltungen) von anderen Unternehmen,

- mehr Sicherheit und Selbstbewusstsein, da mögliche Vertriebssituationen in der »realen Welt« bereits durchgespielt werden.

- Durch die intuitive Anwendung erprobter Best-Practice-Tools muss das »Rad nicht immer neu erfunden werden«, in jeder vertrieblichen Situation kann das jeweils beste Werkzeug gewählt werden.

Transferphase

Während in der Trainingsphase bewusst Fähigkeiten aufgebaut werden, geht es in der Transferphase darum, das Erlernte in unbewusste, das heißt intuitive Kompetenz zu überführen. Erfahrungsgemäß beginnt der Kampf gegen das Vergessen bereits am Tag, in der Stunde nach dem letzten Training (wie auch zuvor beschrieben). In der Transferphase werden daher weitere Impulse gesetzt, um die Teilnehmer dazu anzuregen, die erlernten Methoden und Tools anzuwenden, damit sie sie später im Vertriebsalltag automatisch und intuitiv einsetzen.

> Außer dokumentierten (guten) Vorsätzen, verbindlichen Vereinbarungen mit den jeweiligen Führungskräften sowie Tandem- und Lerngruppen empfehle ich, in regelmäßigen Abständen Reviews durchzuführen. Sie dienen dazu,

- Lerninhalte zu wiederholen,
- sich über Erfahrungen oder idealerweise Erfolgsstorys auszutauschen,
- eventuelle Blockaden aufzulösen und weitere Impulse zu geben.

So kann das Wissen nachhaltig in den Köpfen verankert und langfristiger Vertriebserfolg sichergestellt werden.

Nutzen der Transferphase

- Dauerhafte Verhaltensänderung,
- konstantes höheres Kompetenzniveau der Verkaufsmannschaft,
- Vertriebserfolge und damit
- mehr Umsatz, mehr Ertrag, mehr Wertschätzung und damit
- mehr Freude an der Arbeit.

Wenn die im folgenden Kapitel thematisierten SOLL-Prozesse samt Einbindung der Mitarbeiter glasklar formuliert sind, lässt sich – auch von den Mitarbeitern selbst – zügig ermitteln, welche Gaps zwischen den erforderlichen Qualifikationen und dem aktuellen Skill-Level bestehen. So ergeben sich konkrete Ansatzpunkte für ein Trainingskonzept, das Ihr Unternehmen wirklich weiterbringt.

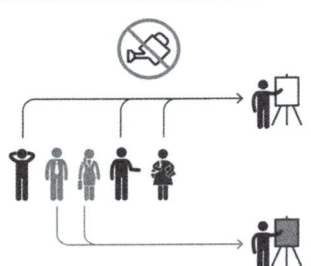

Abb. 8: *Wirkprinzip eines funktionierenden Trainingskonzepts*

Die Menschen in den Unternehmen sollten je nach Erfahrung, Wissensstand und Motivation persönlich und individuell trainiert und gecoacht werden. Training »für alle« ist Training für niemanden! Am Ende geht es darum, dass alle ihre Arbeit bestmöglich erfüllen KÖNNEN.

Um zu verdeutlichen, wie ein »gutes« Briefing, eine gute Vorphase zu einem Training aussehen könnte, schauen wir uns ein Beispiel an.

Best-Practice-Beispiel: Briefing für ein Trainingsprojekt

Der Vertriebsvorstand eines mittelständischen Unternehmens der Automobilzulieferindustrie (Tier 2) hat gemeinsam mit einer namhaften Unternehmensberatung ein Projekt mit dem sprechenden Namen »Sales Excellence« aufgesetzt. Ergebnis der Analyse dieses Projekts war unter anderem, dass der Effizienzgrad aller vertrieblichen Prozesse lediglich 65 % beträgt, das heißt, dass etwa 35 % aller Vertriebsressourcen und -prozesse ungenutzt bleiben. Im Anschluss setzte das Unternehmen mit einem Berater als Moderator ein Projekt auf, in dem unter engem Einbezug des Vertriebsteams die vertrieblichen Kernprozesse zu einem Best-Practice-Vorgehen zusammengeführt wurden. So wurde etwa der Kernprozess »Kunden-/Projektneuakquisition« neu definiert und auf 16 Teilprozessschritte heruntergebrochen. Das Know-how und die Erfahrung aller Mitarbeiter floss bei der Erarbeitung dieses Prozesses ein – alle Beteiligten verpflichteten sich für die Zukunft zu dem neuen Vorgehen bzw. dazu, diesen Kernprozess in KVP-Manier (KVP = kontinuierlicher Verbesserungsprozess) fortlaufend zu optimieren.

Außerdem wurde die Vertriebsleitung mit der neuen Aufgabe betraut zu prüfen, inwieweit die Mitarbeiter des Vertriebsteams jeden dieser 16 Teilschritte beherrschten. Sollte sich herausstellen, dass einzelne Mitarbeiter Schwierigkeiten hatten, bestimmte Tätigkeiten zielgerecht auszuführen, sollten sie in den entsprechenden Qualifikationen geschult werden.

1. Als Zielsetzung des zu startenden Trainingsprojekts wurde festgelegt, dass alle zum Vertriebsteam gehörigen Kollegen sämtliche notwendigen Prozessschritte zu mindestens 90 % beherrschen müssen. Das erste Teilziel bestand darin festzustellen, welcher Mitarbeiter bei welchen Teilprozessschritten Defizite aufwies, um durch Trainings oder Coachings exakt

an dieser Stelle zu unterstützen. Da es sich hierbei um eine dauerhafte Vorgabe handelte, die sowohl die zwölf vorhandenen Vertriebsmitarbeiter als auch alle neu Hinzukommenden betraf, wurde dieses Projekt mit einer Zeitdimension von zunächst drei Jahren versehen. Für diesen Pilotzeitraum wurde ein Trainingsdienstleister gesucht, der diese Aufgabe übernehmen sollte.

2. Da alle Teammitglieder in das Projekt »Sales Excellence« und in die Prozesserarbeitung eingebunden waren, gestalteten sich die Kommunikation der Projektzielsetzung und die Einbindung der Kollegen einfach – es wurde dazu auf das laufende bekannte Projekt verwiesen. Ansonsten wäre es erforderlich gewesen, ein Kommunikationskonzept zur Vermittlung von Ziel und Sinnhaftigkeit des anstehenden Schulungsprojekts aufzusetzen und das Team für das Projekt zu begeistern und zu gewinnen.

3. Gemeinsam definierten das Trainingsinstitut und die Vertriebsleitung, welche Formate genutzt und welche Trainingsschwerpunkte gesetzt werden sollten, zudem formulierten sie die Aufgabenstellungen.

4. Ebenso wurde geklärt, wann welche Teilnehmer Gruppencoachings und wann sie Einzelcoachings brauchten. Als deutlicher Schwerpunkt wurde etwa bei den 16 Teilprozess-

schritten unter 3, 7 und 11 das Thema »Fragetechnik« definiert, unter 13 und 15 die Themen »Preisverhandlung« und »Closing«.

5. Im gemeinsamen Diskurs wurde zudem geklärt und festgelegt, wie die Einbindung der jeweiligen Führungskräfte in das Gesamtprojekt aussehen sollte, um deren Rolle als Forderer ebenso zu sichern wie die als Förderer und Coach.

6. Darüber hinaus wurde intensiv über didaktisch-methodische Fragestellungen diskutiert, ebenso über datenschutzrechtliche Fragen. So einigte man sich beispielsweise darauf, dass es intensive Übungssessions in Form interaktiver Rollenspiele geben sollte, die alle Teilnehmer mit ihren Smartphones filmisch festhalten durften, um sie später für die Nacharbeit zu nutzen.

7. Weiterhin wurde darüber gesprochen, inwieweit man sich insbesondere die Erfahrung und Unterstützung der Topleistungsträger im Team sichern könnte. Im Beispielunternehmen wurde ihnen ein intensives Eins-zu-eins-Coaching und die Teilnahme an dem Programm Top-Sales-100 angeboten. Damit sollten die zwei betreffenden Kollegen, so die kommunizierte Zielsetzung, »von der Bundesliga in die Champions League katapultiert«, also deren Marktwert und Salär im Nachgang deutlich attraktiver werden.

8. Zu guter Letzt wurde – dies war ein klarer Schwerpunkt des Briefings vor Auftragsvergabe an den Trainingsdienstleister – sehr intensiv über zwei Fragestellungen diskutiert:

   – Wie kann die Nachhaltigkeit der Maßnahmen sichergestellt werden?

   – Anhand welcher Kennzahlen/Key Performance Indicators (KPIs) kann die Rentabilität der Maßnahme gemessen werden? Die Antwort auf die zweite Frage war wichtig, um die doch beachtliche Investition vor der Geschäftsführung sowie vor dem Aufsichtsrat und den Inhabern zu rechtfertigen.

Für beide Fragen konnten zufriedenstellende Lösungen erarbeitet werden. Das hatte sicher auch damit zu tun, dass sie Eingang in das mit dem Trainingsdienstleister vereinbarte erfolgsorientierte variable Honorierungsmodell fanden.

Auf einen Blick: KÖNNEN sicherstellen

- Analysieren Sie, welche Kompetenzen im Unternehmen vorhanden sind und welche fehlen.
- Befassen Sie sich damit, welche Maßnahmen für Ihre Mitarbeiter sinnvoll sind.
- Klären Sie, wie Sie die am Wandel Beteiligten einbinden können.
- Finden Sie heraus, mit wem Sie Trainings und Coachings wie veranstalten wollen.
- Legen Sie fest, wie die Wirksamkeit solcher Maßnahmen kontrolliert wird.

SOLLEN definieren:
Der Weg zum Ziel

Erfahren Sie nun, wie Sie es schaffen, eine eindeutige Erwartungshaltung an den Vertrieb zu formulieren und zu kommunizieren. Denn nur wenn die Mitarbeiter wissen, was sie erreichen sollen, können sie sich entsprechend fokussieren und auf dieses Ziel hin ausrichten.

Wie kommen wir dort an, wo wir hinwollen?

Klar ist inzwischen, was Ihren Mitarbeitern noch fehlt. Sie haben ein passgenaues Trainingsprogramm auf die Beine gestellt und wissen, worauf es dabei ankommt. Doch wie bringen Sie das Vertriebsteam dazu, das neue Wissen auch nachhaltig in der Praxis umzusetzen? Es stellen sich Fragen wie diese:

- Wie kann ein Best-Practice-Prozess erarbeitet werden, der die Erwartungshaltung an die Mitarbeiter klar formuliert?
- Wie lassen sich das Wissen und die Erfahrung aller Vertriebskollegen in diesen Prozess einbringen?
- Wie committet man alle Kollegen hierauf?
- Wie stellen wir sicher, dass sich dieser Prozess kontinuierlich weiterentwickelt und verbessert, sodass im Unternehmen stets für alle der jeweils beste Prozess als Leitlinie dient?

Während die Vision und die Mission eines Unternehmens die Frage »Wo wollen wir hin?« beantwortet, wird im Rahmen der Strategieentwicklung die Frage geklärt: »Wie kommen wir dahin?« Eine klare Zieldefinition könnte – dem Beispiel aus dem letzten Kapitel folgend – folgendermaßen lauten:

BEISPIEL

»Ausgehend von unserer Marktdefinition und unserem Bestreben, unsere vorhandenen Potenziale zu mindestens 85 % nutzen zu wollen, streben wir in den nächsten drei Jahren ein Marktanteilswachstum in Europa auf 65 %, in NAFTA auf 40 % und in Asien auf 30 % an. In unserem Kernsegment xyz sind wir binnen Dreijahresfrist erster Ansprechpartner aller von uns definierten Zielkunden in unserem Anwendungsbereich. Der Markt erkennt unsere Qualitäts- und Technologieführerschaft an.«

Wie der Weg zu diesem Ziel aussehen kann, ist das Ergebnis sorgfältiger Überlegungen. Im besten Fall münden sie in eine passgenau definierte Strategie, die von allen Beteiligten getragen und akzeptiert wird. Diese wiederum bildet die Basis für die SOLL-Prozesse, die konkrete Aufgaben, Kompetenzen und Verantwortlichkeiten definiert und die von den Vertriebsmitarbeitern selbst entwickelt werden.

Das Schwarmprinzip nutzen

Sie haben es sicher schon erkannt: So wichtig es auch ist, Training allein führt im Vertrieb selten zum Ziel. Zumal es den Verantwortlichen am Ende ja nicht um den Input geht (»ein Training machen«), sondern um das Ergebnis, zum Beispiel: »den Vertrieb erfolgreicher gestalten«, »wachsender Umsatz«, »wachsendes EBIT«. Training stellt nur EINEN Baustein unter vielen dar und kann nur dann sinnhaft eingesetzt werden, wenn er mit den anderen notwendigen und schon geplanten Maßnahmen abgestimmt wird. Über manche Herausforderungen haben Sie ja schon mehr erfahren, etwa darüber, wie ein Team, das aus drei erfahrenen, erfolgreichen »Superstars«, sechs mittelmäßig erfahrenen Kollegen und einem »Sorgenkind« oder Low Performer besteht, gezielt entwickelt werden kann (hierzu folgt auch noch mehr in den folgenden beiden Kapiteln).

Nehmen wir an dieser Stelle das Gedankenspiel aus dem vorherigen Kapitel wieder auf und stellen die Frage, wer noch besser und erfolgreicher im Vertrieb agieren könnte als einer der drei angenommenen Superstars im Team. Meine Antwort darauf: das vollständige Team mit seinem gesamten Wissen! Das heißt die gesamte Erfahrung, die lebenslang gesammelten Tipps, Tricks, Dos und Don'ts – die Schwarmintelligenz ALLER zusammen!

Ich kann Ihnen nur empfehlen, auf dieses Wissen, diese Erfahrung zurückzugreifen! Jeder im Team kann etwas beitragen. Lassen Sie nicht zu, dass Ihr Vertriebsteam aus Einzelkämpfern besteht, von denen einige mehr oder besseres Wissen besitzen und nutzen als andere. Machen Sie das Wissen aller auch allen zugänglich! Auf dieser Basis lassen sich die Kernprozesse im Vertrieb bestens definieren, zum Beispiel diese:

- Anfragemanagement: Wie sollte bestmöglich mit eingehenden Kundenanfragen umgegangen werden?

- Kundenbeziehungsmanagement: Wie sollte bestmöglich proaktiv mit bestehenden Kundenbeziehungen umgegangen werden? Welche Kundenclusterung sollte welche Marktbearbeitungsstrategie nach sich ziehen?

- Neukunden- oder Neuprojektakquise: Wie sollten bestmöglich Neukunden oder Neuprojekte akquiriert werden?

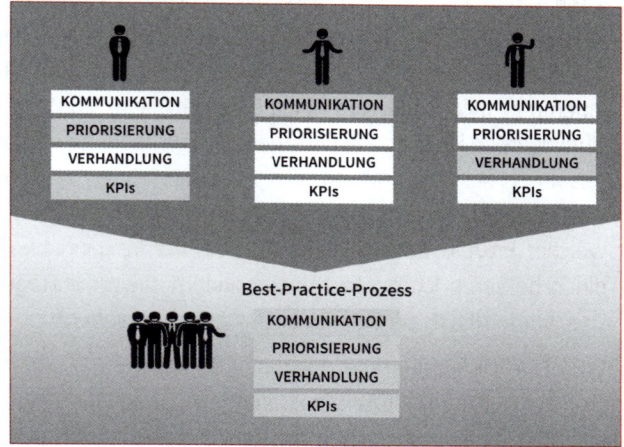

Abb. 9: *Wissens- und Best-Practice-Generierung mit dem Schwarmprinzip*

Soll-Prozesse definieren

Setzen Sie sich in extern oder intern moderierten Workshops zusammen und halten Sie fest, wie ein Soll-Prozess, etwa im Kundenbeziehungsmanagement, idealtypisch aussehen soll (s. a. Milz 2017). Ausdrücklich sei darauf hingewiesen, dass dabei NICHT über eine Optimierung der aktuellen Abläufe gesprochen wird, insbesondere wenn mehrere Abteilungen, Betriebsstätten, Niederlassungen o. ä. in der Runde vertreten sind.

1. Denn: Wenn über die Ist-Prozesse diskutiert wird, werden allen am Tisch sitzenden verantwortlichen Personen vor allem die in ihrer Betriebsstätte, Abteilung, Niederlassung oder von ihnen persönlich initiierten Abläufe »heilig« sein. Statt einer sinnvollen Diskussion entsteht meist ein nicht zielführender Austausch nach dem Motto: Wer ist besser? Oder. Wer hat den besseren Prozess? Hilfreich ist aber NICHT die Frage, welcher Prozess besser ist oder wer in der Vergangenheit einen besseren Job gemacht hat, sondern allein die Frage: Wie würde HEUTE ein Best-Practice-Prozess aussehen?

2. Und: Eine Diskussion über Bestehendes führt BESTENFALLS zu einer (leichten) Effizienzsteigerung, somit zu einem Besser-, Günstiger- oder Schnellermachen als bisher. Was so aber fast NIE erreicht wird: ein generelles Infragestellen des Status quo und somit die Überlegung, ob der aktuelle Prozess ÜBERHAUPT effektiv und sinnhaft ist. Das hat vor allem mit den verantwortlichen Personen zu tun, die denken könnten: Es kann doch nicht sein, dass ich dieses oder jenes in all den Jahren auf schlechte Art gemacht habe.

> Wenn Sie über Prozesse reden, diskutieren Sie NIE über das Wer, sondern nur über das Warum und das Wie!

Sobald im Zusammenhang mit Prozessen über Verantwortlichkeiten gesprochen wird, verabschieden Sie sich ein Stück weit von der Vorstellung, dass vorrangig sachliche Diskussionen geführt werden. Vielmehr stecken häufig politische Gedankengänge hinter Beiträgen, die während solcher Veranstaltungen eingebracht werden. Wer weiß, dass er für einen riskanten, mühsamen und mit wenig Lob verbundenen Teilprozessschritt verantwortlich sein soll, wird eher darüber nachdenken, wie er dieses Thema entweder loswird und delegiert oder wie er ihn für sich so angenehm wie möglich gestalten kann. Aber er wird vermutlich nicht darüber nachdenken, wie sich diese allgemein unliebsame Aufgabe bestmöglich erledigen lässt.

Das Erarbeiten von Soll-Prozessen sollte in jedem Fall unter interner oder externer Moderation stattfinden. Wenn jemand von außen hinzukommt, können Sie selbst dennoch einige der anfallenden Aufgaben übernehmen. Im Folgenden wird allgemein von Moderation gesprochen, wer genau was beiträgt, wird für den Einzelfall vorab geklärt und dokumentiert.

Bevor es an die Arbeit geht, sollten die einzelnen Gesamtprozesse in sinnhafte Teilprozessschritte zerlegt werden. Wie sie benannt werden, wird im Team festgelegt, um ein einheitliches Wording und Verständnis sicherzustellen. Danach wird, ebenfalls im Team, Schritt für Schritt die Zielsetzung erarbeitet: Wie muss das Ergebnis aussehen, wenn dieser Teilprozessschritt bestmöglich abläuft?« Und ERST DANN kommen die Erfahrungen und das Wissen eines jeden Einzelnen ins Spiel: Gemeinsam definieren die Beteiligten, was getan werden kann und muss, um dieses Ergebnis zu erzielen.

> Auch wenn die folgenden 13 Schritte und ihre Umsetzung auf den ersten Blick abschreckend wirken mögen – das Vorgehen an sich ist eher trivial. Die Herausforderung besteht darin, auf die Befindlichkeiten aller Beteiligten einzugehen und alle Meinungsbildner im Unternehmen aktiv in diesen Prozess einzubinden!

Der folgende Ablauf lässt sich mit einer guten Moderation in kurzer Zeit realisieren. Auf Basis einer sorgfältigen Vorbereitung, bei der einiges bereits im Vorfeld abgearbeitet wird, können die ersten neun Schritte an zwei oder drei Arbeitstagen in Workshops erledigt werden. Danach folgt ein Cut von wenigen Wochen oder Tagen, in dieser Phase können sich die Beteiligten noch einmal mit den dokumentierten Ergebnissen beschäftigen und sie gegebenenfalls überarbeiten.

Wenn der Moderator alle Anmerkungen zusammengetragen und eingepflegt hat, können die Schritte 10 und 11 an ein bis zwei Tagen in weiteren Workshops gegangen werden. Gut wäre es, wenn bis dahin auch das Kommunikationskonzept steht. Denn dann brauchen lediglich die Ergebnisse noch einmal aufbereitet zu werden, was ein paar Tage dauert. Anschließend wird der gesamte Soll-Prozess als betriebliche Information kommuniziert. Ideal wäre es, wenn das persönlich erfolgt, also bei einer Vollversammlung aller Beteiligten. Anderenfalls sollte eine andere Form der Kommunikation gewählt werden, die das Kommunikationsziel gemäß der Lorenz'schen Kommunikationskurve (s. Abb. 2) sicherstellt.

Vorgehen

1. Ziel und daraus resultierend den Gesamtprozess festlegen.

2. Den Gesamtprozess in (wenige) sinnvolle Teilprozesse zerlegen.

3. Varianten und Sonderwege benennen und gruppieren.

4. Teilprozesse in bearbeitbare Schritte oder Subprozesse zerlegen.

5. An kritischen Stellen: Gates einführen (Kontrollstellen, an denen aus Gründen der Risikominimierung unbedingt das Vier-Augen-Prinzip herrschen sollte), zudem deren Ziele und Funktionsweisen festlegen.

6. Ziele und Qualitätsvorgaben für jeden Prozessschritt festlegen: Was genau soll hier erreicht werden?

7. Inhalte und Aufgaben je Schritt definieren: Was genau muss hierzu getan werden?

8. Termine und Zeitrahmen fixieren: Bis wann und wie schnell muss dies geschehen?

9. Dokumentation, Formulare und Instrumente klären: Wo und wie wird dies erfasst und dokumentiert?

10. Jedem Prozessschritt eine Verantwortlichkeit zuweisen: für jeden Prozessschritt klären, wer zuzuarbeiten hat, wer zu informieren ist und wohin ein eventueller Streit eskaliert.

11. Das Commitment von allen einholen und dokumentieren; die Ergebnisse aufbereiten.

12. Ergebnisse an alle Mitarbeiter kommunizieren und den neuen Prozess verbindlich machen.

13. Am Ende steht dann ein Best-Practice-Prozess, in den das Wissen und die Erfahrungen jedes einzelnen Teammitglieds eingeflossen sind. Es ergibt sich also ein Vorgehen, das nach aktuellem Wissensstand das bestmögliche sein muss, welches sich die derzeitige Belegschaft vorstellen kann.

Folgerichtig steht am Ende des Gesamtablaufs die eigentlich rhetorische Frage des Moderators, ob für irgendjemanden aus dem Kreis der Anwesenden ein besseres Vorgehen als beschrieben denkbar ist. Falls die einstimmige Antwort Nein lautet, folgt nun die Aufforderung des Moderators, sich auf diesen gemeinsam erarbeiteten Best-Practice-Prozess zu committen und sich fortan daran zu halten.

Der dokumentierte Prozess gilt ab dann – bis zu dem Zeitpunkt, zu dem einer Person aus dem Team auffällt, dass ein Prozessschritt, ein Ziel oder eine Aufgabe DOCH besser erledigt werden kann als erarbeitet. In einem solchen Fall ist es Aufgabe eben desjenigen Mitarbeiters, diesen Punkt besser zu machen. Das Besondere: Er passt die neue Vorgehensweise nicht nur für sich selbst entsprechend an, sondern ändert sie allgemeinverbindlich im Prozess und informiert alle Kollegen entsprechend. Es entsteht damit sozusagen der neue Best-Practice-Prozess 1.01 und darüber hinaus ein kontinuierlicher Verbesserungsprozess (KVP) im Vertrieb.

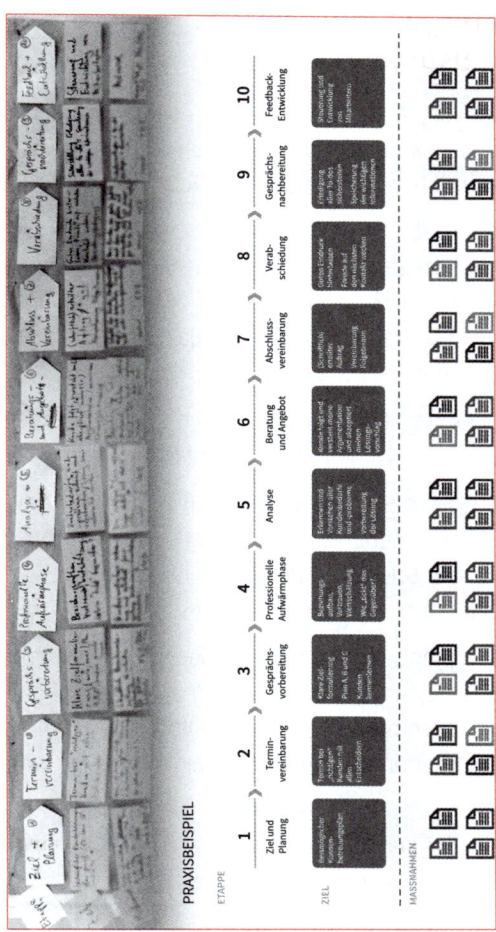

Abb. 10: *Projektbeispiel für die Erarbeitung eines Best-Practice-Prozesses*

Was bringen verbindliche Vertriebsprozesse?

Mit einer Vorgehensweise wie der eben beschriebenen verschaffen Sie als Unternehmer sich zahlreiche Vorteile, sie stärken Ihr Vertriebsteam und dessen Erfolge. Und genau das sind Ihre Nutzenargumente:

1. Es findet ein einfacher Wissenstransfer zwischen erfahrenen und »jungen« Mitarbeitern sowie zwischen internationalen Einheiten statt, der sich auch auf das Onboarding neuer Mitarbeiter massiv positiv auswirkt.

2. Die Übernahme der Vertriebsleitung durch einen neuen Verantwortlichen wird deutlich vereinfacht.

3. Im Vertriebshandbuch und in Software wird vorhandenes Wissen dokumentiert und gesichert, sodass nichts verloren geht, wenn Leistungsträger das Unternehmen verlassen. Die Abhängigkeit von Kopfmonopolen sinkt.

4. Die Akzeptanz, insbesondere bei jungen Mitarbeitern, ist angesichts der sicheren Orientierung und hilfreichen Leitlinien erfahrungsgemäß hoch. Eine Mobillösung in Form einer prozessorientierten SalesApp begünstigt dies.

5. Die Ansprüche an einen zeitgemäßen und rechtssicheren Einkauf der Kunden werden gewahrt, weil Compliance-Regeln nicht mehr umgangen werden können.

6. Dokumentation, Reporting und Steuerung können per Software KPI-gestützt optimiert und im besten Fall zeitgleich ans CRM angebunden werden.

7. Die Vereinheitlichung von Prozessen auf Best-Practice-Niveau führt zu einer verbesserten Qualitätssicherung und deutlichen Effizienzsteigerung bei allen Vertriebsaktivitäten.

8. Grundsätzlich sind viel weniger fallweise Entscheidungen nötig, stattdessen findet ein KVP im Vertrieb statt.

9. Die Geschäftsführung erfährt eine spürbare Arbeitserleichterung durch ein stufenweises Mehr, was Verbindlichkeit und Messbarkeit angeht – eine gute Basis für Vertriebssteuerung und -controlling.

10. Die Einführung standardisierter Prozesse stellt für alle Beteiligten ein motivierendes Leuchtturmprojekt dar, von dem alle, auch die Skeptiker, sehr schnell profitieren.

Den Bedenkenträgern auf Vertriebsleiterseite, die befürchten, dass bei Einführung verbindlicher Vertriebsprozesse die Stars der Mannschaft kündigen, empfehlen wir regelmäßig die folgende – systemisch nicht ganz korrekte – Lösung für Pragmatiker:

1. Führen Sie die Prozesse wie beschrieben ein.

2. Sprechen Sie die dringende »Empfehlung« aus, sich an diese zu halten, mit der Begründung, dass es sich um einen bewährten Best-Practice-Prozess handelt.

3. Solange jeder Einzelne seine anvisierten Ergebnisse mindestens erreicht, bleibt die Empfehlung eine solche: »Okay, solange dein Weg ebenso funktioniert, kannst du ihn gehen.«

4. Werden die vereinbarten Ziele aber verfehlt, wandelt sich die Empfehlung zur Verpflichtung: »Jetzt, wo offenbar wird, dass dein Weg nicht (mehr) funktioniert – gehe meinen!«

Abb. 11: *Wirkprinzip der Best-Practice-Erarbeitung*

Nehmen Sie die besten Erfahrungen und das individuelle Wissen aller auf und stellen Sie es jedem zur Verfügung.

Auf einen Blick: SOLLEN definieren

- Befassen Sie sich damit, wie eine passende Strategie für Ihr Unternehmen aussehen könnte.
- Setzen Sie auf das Schwarmprinzip, auf die Intelligenz der vielen.
- Definieren Sie die Best-Practice-Prozesse für Ihr Unternehmen.
- Dokumentieren Sie, welche Soll-Prozesse ab jetzt gelten sollen.

WOLLEN unterstützen: Die Mitarbeiter mitnehmen

Lesen Sie in diesem Kapitel, wie Sie erreichen, dass die Ziele Ihres Unternehmens zu denen Ihrer Mitarbeiter werden. Die erste und wichtigste Aufgabe in diesem Zusammenhang besteht darin, Wege zu finden, die Menschen im Unternehmen dazu zu bringen, sich zu committen, und sie zu motivieren.

Motivation mit System

Sie wissen nun, wie Sie festlegen, was die Mitarbeiter im Vertrieb »tun« und welchen definierten Best-Practice-Prozessen sie folgen sollen. Doch was kann sie dazu bewegen, an den Unternehmenszielen dranzubleiben? Hilfreich ist hier ein Incentivierungssystem. Finden Sie heraus, wie ein solches in Ihrem Unternehmen aussehen kann und welche Anreize dazu beitragen können, dass Ihre Mitarbeiter den erarbeiteten Prozessen von sich aus folgen WOLLEN und gleichzeitig anstreben, die angepeilten Maximalziele auch tatsächlich zu erreichen. Im Einzelnen geht es um Fragen wie diese:

- Inwiefern kann ein Incentivierungssystem eventuelle Interessenkonflikte vermeiden helfen?

- Wie lässt sich sicherstellen, dass die »richtigen« Ziele vereinbart werden – also keine Mond- oder zu niedrigen Ziele?

- Wie kann ein solches System die Mitarbeiter gleichzeitig motivieren und entwickeln helfen?

- Wie entsteht ein leistungsorientiertes Vergütungssystem (LoV-System), das für die Mitarbeiter echte Anreize bietet?

Akzeptanz bei den Mitarbeitern für ein Incentivierungssystem lässt sich erreichen, indem sie selbst dessen Strukturen beeinflussen können. Die Rede ist von einem System, das die Mitarbeiter erarbeiten und mit den Führungskräften abstimmen.

Seit Jahrzehnten wird in der Fachliteratur darüber diskutiert, ob Geld ein dauerhaft motivierender Faktor sein kann. Die »Financial Times« fasste in einem Artikel zum Thema leistungsorientierte Vergütung treffend zusammen: »Geld allein macht nicht glücklich. Wenn man die Belegschaft motivieren und das ‚Wollen' unterstützen will, kann ein faires Lohnsystem aber viel zur guten Stimmung beitragen. Vor allem, wenn man leistungsorientiert vergütet wird« (Financial Times 2012).

Motivation nach Mitarbeitertypen

Es ist klar, den typischen Mitarbeiter gibt es nicht. Meiner Meinung nach lassen sich zwei Arten von Mitarbeitern identifizieren, die Extreme repräsentieren, dazwischen finden sich ganz unterschiedliche Ausprägungen. Die eine Personengruppe beispielsweise zeichnet sich durch Intelligenz, Motivation, Loyalität und Integrität aus und lässt sich nicht durch etwaige Misserfolge entmutigen, der anderen mangelt es an diesen Charaktereigenschaften. Bei der zweiten Gruppe läuft zum Beispiel ein leistungsorientiertes Vergütungssystem zumeist ins Leere.

Prof. Dr. Jörg Knoblauch erweitert die Kennzeichnung und spricht von A-, B- und C-Mitarbeitern (Knoblauch/Kurz 2013). Er beschreibt sie bildlich wie folgt:

- Der A-Mitarbeiter zieht den Karren.
- Der B-Mitarbeiter geht nebenher.
- Der C-Mitarbeiter setzt sich obendrauf und lässt sich ziehen.

Jack Welch nahm – auch wenn seine Strategie der »Differen-zierung« mitunter kritisch gesehen wird – in seinem Werk »Winning« (Welch/Welch 2014) eine ähnliche Unterteilung vor: 20 % der Mitarbeiter sind die Leistungsträger eines jeden Un-ternehmens, sie gehören befördert und gelobt. 70 % bilden den großen Mittelbau, sie gilt es zu beobachten, denn sie können sich entweder zu Leistungsträgern entwickeln, stagnieren oder nachlassen. Die restlichen 10 % – die C-Mitarbeiter – sind die, die eindeutig meiner »zweiten Personengruppe« angehören.

Die Menschen in der ersten Gruppe, die A-Mitarbeiter, sind meist intrinsisch motiviert. Geld ist für sie ein Hygienefaktor: Eine gute Bezahlung wird – weil man sich des eigenen Werts bewusst ist – durchaus erwartet, ist aber nicht die eigentliche Motivation, um den Job auszuüben. Zum anderen ist Geld ein Maßstab für Wertschätzung – und damit durchaus relevant. Sie lassen sich aus unterschiedlichsten Gründen über gute leis-tungsorientierte Vergütungssysteme durchaus zu Mehrleistun-gen anregen. Dazu führte Milz & Comp. in Zusammenarbeit mit der Fachhochschule Köln 2012 die größte empirische Studie im Mittelstand Deutschlands durch (Milz/Wolff 2011). Dabei ergab sich eindeutig, dass ein leistungsorientiertes Vergütungssystem grundsätzlich durchaus für mehr Motivation sowie eine stärke-re Vorgehens- und Ergebnisorientierung der Mitarbeiter sorgen kann. Es lässt sich erfolgreich in Unternehmen etablieren – und dies ist die notwendige Grundvoraussetzung –, wenn Stolper-steine proaktiv identifiziert und umgangen werden.

Im Rahmen der Studie wurden konkrete Umstände identifiziert, die das Scheitern einer leistungsorientierten Vergütung bedingen können. Im Umkehrschluss haben wir Erfolgsfaktoren formuliert, die die Umsetzung des Systems absichern und dazu beitragen, mögliche Hindernisse zu umgehen. Werden die Stolpersteine frühzeitig erkannt und vermieden, ist die Einführung eines leistungsorientierten Vergütungssystems zu empfehlen. Durch die Belohnung der individuellen Mitarbeiterleistung ergeben sich zahlreiche Vorteile für die Unternehmen und ihre Mitarbeiter, darunter diese:

- mehr Mitarbeitermotivation,
- stärkere Identifikation der Mitarbeiter mit den Unternehmenszielen,
- weniger Mitarbeiterfluktuation,
- geringere Personalkosten,
- höhere Produktivität,
- Steigerung der Produktqualität,
- Steigerung der Zufriedenheit mit dem Vergütungsmodell.

Erfolgsfaktoren für Vergütungsmodelle

Insgesamt wurden im Rahmen der Erhebung sieben Erfolgsfaktoren identifiziert, die bei der Implementierung von LoV-Systemen eine wichtige Rolle spielen. Wird auch nur einer dieser

Faktoren nicht berücksichtigt, zieht dies oftmals ein Scheitern des gesamten Systems nach sich.

1. Binden Sie die HR-Abteilung bzw. Personalentwicklung in das Thema ein. Definieren Sie gemeinsam Handlungsziele, nicht nur Ergebnisziele – auch und insbesondere für den Vertrieb!

   Leider häufig die **negative Praxis**: Ziel nicht erreicht? Schade! Viel Glück im nächsten Jahr. Der Mitarbeiter kommt sicher von allein darauf, warum es nicht funktioniert hat und in welchem Bereich er sich verbessern muss.
   Im Wesentlichen geht es darum, eben nicht nur – wie heute meist üblich – Ergebnis-, sondern auch Handlungsziele zu definieren (Genaueres dazu später).

2. Treffen Sie echte (Ziel-)Vereinbarungen, statt Vorgaben zu machen! Vereinbarungen sichern die Motivation, Vorgaben Ausreden!

   Leider häufig die **negative Praxis**: Ziele sind das Ergebnis von Verhandlungen zwischen Chef und Mitarbeiter. Nie mit dem optimalen Ausgang. Entweder sind die Ziele zu niedrig oder zu anspruchsvoll. Im letzten Fall liegen die Ausreden des Mitarbeiters für das Jahresende schon in der Schublade: »Das habe ich doch gleich gesagt.«
   Auch hierzu erfahren Sie später mehr.

3. Auf die richtigen Ziele kommt es an – diese müssen immer für das Unternehmensziel relevant und vom Mitarbeiter beeinflussbar sein!

   Leider häufig die **negative Praxis**: In Ermangelung von Kreativität und besseren Daten geben wir jedem im Unternehmen Umsatzziele. Das ist einfach und verursacht wenig administrativen Aufwand.

Wenn Vorgesetzte ihren Mitarbeitern Ziele vorgeben, muss es in der Hand des Mitarbeiters liegen, diese auch erreichen zu können. Ansonsten demotiviert das System, statt zu motivieren, die Absicht dahinter läuft also ins Leere.

Beispiel: Ein Kunde hatte für einen Mitarbeiter Umsatzziele festgelegt, die er grundsätzlich hätte erreichen können. Doch da das Unternehmen produktionsseitig wegen einer Systemumstellung sehr häufig nicht liefern konnte, ließen sich die Waren im Bezugszeitraum nicht ausliefern und der Umsatz nicht realisieren – dafür konnte der Mitarbeiter nichts. Als die Vorgabe stattdessen auf »Auftragseingang« umgestellt wurde, passte das System an der Stelle wieder.

4. Ziele müssen zumindest mittelfristig konsistent sein – und nicht konfliktär!

Leider häufig die **negative Praxis**: Wir sorgen dafür, dass die gute Tat von heute der Fluch von morgen ist. Ziel- oder gar Übererfüllung wird mit noch höheren Zielen im Folgejahr geahndet.

So entsteht leider keine ehrliche, offene und konstruktive Kommunikationskultur, geschweige denn Akzeptanz und Motivation. Vielmehr geht es hier darum, dass ein einmal gewähltes gutes und richtiges Ziel grundsätzlich immer bzw. bis auf Weiteres ein gutes Ziel bleibt.

Beispiel: Eine Führungskraft sagt beispielsweise zu einem Mitarbeiter sinngemäß: »Also, wenn du nächstes Jahr 1,5 Millionen Euro Umsatz machst statt der derzeitigen einen Million – das wäre stark und das würde ich richtig incentivieren«, bringt das wenig. Denn unterstellend, dass mit den 1,5 Millionen Euro das Potenzial weitgehend ausgereizt wäre, würde der Vorgesetzte diese Leistung mit der Vorgabe für das Folgejahr entwerten, indem er nunmehr von seinem Mitarbeiter (vielleicht unmögliche) 1,7 Millionen Euro erwartet. In diesem Fall erkennt ein Mitarbeiter schnell, dass ein Zurückhalten von Leistung die für ihn schlauere Alternative darstellt.

5. Fairness und Spürbarkeit: Belohnen Sie Erfolg fair, spürbar und richtig – oder lassen Sie es lieber ganz. Spürbar bedeutet hier ein Minimum von 10 % des gesamten Jahreseinkommens, im Vertrieb kann es sogar ein Vielfaches davon sein.

Leider häufig die **negative Praxis**: Wenn unsere Mitarbeiter sich so richtig anstrengen, können sie noch mal ein Monatsgehalt on top verdienen. Das motiviert so richtig. Zwar können sie das Ergebnis nicht vollends allein gestalten – aber damit ist dafür gesorgt, dass alle an einem Strang ziehen. Hier gilt: Wenn Sie als Vorgesetzter nicht dazu bereit sind, als Bonus mindestens 10 % des Jahreseinkommens zu vergeben, setzen Sie eher auf Instrumente wie öffentliches Lob, Wertschätzung und öffentliche Anerkennung der Leistungen Ihrer Mitarbeiter.

6. Simplizität: Das System muss einfach und für jeden verständlich sein!

Leider häufig die **negative Praxis**: Unser System besteht aus fünf harten Zahlenkriterien zur Mitarbeitersteuerung. Dabei geht es weitgehend um strategische Ziele, Produktneueinführungen, Neukundengewinnung, Umsatz, Marge usw. Darüber hinaus haben wir jeweils drei bis fünf individuelle Zielvereinbarungen mit unseren Mitarbeitern. Das besprechen wir dann einmal im Jahr gemeinsam.

Meiner Erfahrung nach sind Vergütungssysteme heute derart kompliziert – insbesondere im Konzernumfeld –, dass die Mitarbeiter sie im besten Fall nicht verstehen und im schlechtesten Fall mehr Zeit damit aufwenden, ihre Vergütung zu optimieren und das System auszutricksen, als für ihren eigentlichen Job. Die Formel »KISS – keep it simple and stupid« sollte hier das Maß aller Dinge sein.

7. Offene und ehrliche Kommunikation: Binden Sie Ihre Mitarbeiter und gegebenenfalls den Betriebsrat frühzeitig, offen und transparent ein!

Leider häufig die **negative Praxis**: Wir erarbeiten das System im Führungskreis, zwei Termine sollten reichen. Und dann trommeln wir alle zusammen und stellen die variable Vergütung vor – dafür ist jeder offen. Wenn nicht, können wir das System immer noch anpassen.

Erarbeiten Sie ein neues System NICHT nur im Führungskreis oder mit Beratern im stillen Kämmerlein. Ganz im Gegenteil: Sorgen Sie für maximale Transparenz, binden Sie die Betroffenen und den Betriebsrat so früh wie möglich ein. Schließlich geht es um die Interessen der Mitarbeiter – entsprechend sollten die nachvollziehbaren Befindlichkeiten eines jeden Einzelnen gesehen werden.

(Weitere Erläuterung zu diesem Thema in Milz/Wolff 2011.)

Soll eine leistungsorientierte Vergütung in einem Unternehmen eingeführt werden, schlagen wir ein System vor, das auf drei Säulen fußt: Handlungszielen, Ergebniszielen und Zielgrößen. Je nach Aufgabenfeld und Branche kann die Gewichtung der drei Elemente stark schwanken. Wie das aussehen kann, zeigt Abbildung 12.

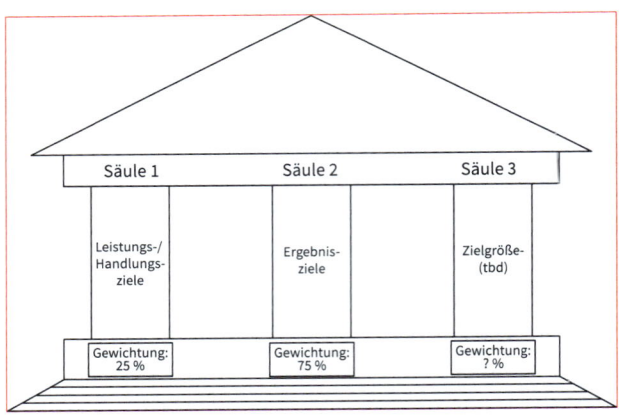

Abb. 12: *Die drei Säulen einer wirksamen anreizorientierten leistungsorientierten Vergütung*

Warum sind Handlungsziele erforderlich?

Diese Frage stellt sich Ihnen vielleicht – und vielleicht denken Sie auch darüber nach, warum Leistungen incentiviert werden sollten. Erfahrungsgemäß setzt sich eine Belegschaft – nicht nur im Vertrieb – gemäß einer Normalverteilung zusammen. Im Vertriebsteam gibt es, wie bereits beschrieben, 10 bis 20 %

Outperformer oder Superstars sowie einen ähnlich hohen Prozentsatz an Problemkindern, also an Kollegen, deren Ergebnisse sich an der unteren Wirtschaftlichkeitsgrenze bewegen. Der Rest – immerhin 60 bis 80 % – erreicht eher durchschnittliche Leistungen. Gäbe es nur Superstars, könnte man getrost auf Handlungsziele verzichten.

Diese Kollegen wissen, wie sie ausreichende oder auch herausragende Ergebnisse erzielen. Ihnen ist klar, was zu tun ist. Aber es gibt eben auch die anderen, denen nicht damit geholfen ist, im Mitarbeitergespräch zu erfahren, dass ihre Vorgesetzten unzufrieden sind – verbunden mit dem Hinweis, dass im nächsten Jahr eine Steigerung erwartet wird. Nein, diese Mitarbeiter benötigen eine Hilfestellung, eine Art Bedienungsanleitung, wie sie ihre Leistungen steigern können. Und damit sind wir bei den Handlungszielen.

Leistungs- oder Handlungsziele sind im deutschsprachigen Kulturraum aktuell eher unüblich. Vorgesetzte sehen ihre Mitarbeiter als »mündige Erwachsene« und verfahren nach dem Motto: »Du kennst dein Ziel – wir haben es ja vereinbart. Nun geh und such dir deinen Weg, um es zu erreichen.« Nur kennen und finden die mittleren bis schwachen 70 % diesen Weg leider nicht so ohne Weiteres. Sie sollten deshalb an die Hand genommen und angeleitet werden – will man nicht viele unnötige Irrungen, Umwege und Verzögerungen in Kauf nehmen.

Angesichts dieser Einschätzung verfahren angelsächsische Vertriebsvorgesetzte häufig nach dem genau entgegengesetzten Extrem: Sie legen ihren Mitarbeitern Checklisten vor, die es abzuarbeiten gilt, um die gewünschten Ergebnisse zu erzielen. Damit entmündigen sie ihre Kollegen jedoch. Wie so oft liegt das richtige Vorgehen auch in diesem Fall in der Mitte. Nach meiner Erfahrung sind Ergebnis- UND Handlungsziele nötig, damit das gesamte Vertriebsteam die bestmöglichen Ergebnisse erzielen kann.

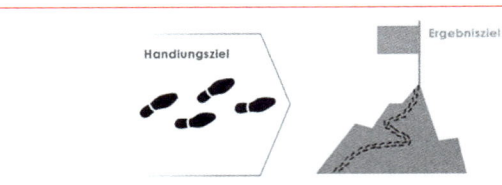

Abb. 13: *Idee von Handlungs- und Ergebniszielen*

Setzen Sie Anreize für den Fall, dass Ihre Mitarbeiter die definierten Handlungsziele umsetzen. So stellen Sie sicher, dass alle ihre selbst festgelegten Ergebnisse und die maximal möglichen Ziele erreichen wollen.

Erfreulicherweise ist es denkbar einfach, Handlungsziele zu finden und zu definieren. Und das geht so: Folgen Sie dem gemeinsam definierten Best-Practice-Prozess! Um bei unseren bisherigen Beispielen zu bleiben, könnte ein Handlungsziel lauten: »Mache genau das, was wir festgelegt haben, also konkret: 1. Plane deine Woche, 2. Vereinbare Termine, 3. Mache vor jedem Gespräch eine Gesprächsvorbereitung, 4. Sorge für eine gute Aufwärmphase (und so weiter)« (s. hierzu Abb. 10). Der entsprechende Prozess ist bekannt, abgestimmt, dokumentiert, wurde gemeinsam erarbeitet und der Mitarbeiter hat sich im besten Fall bereits hierauf committed. Zusatzaufwand für das Vereinbaren von Handlungszielen entfällt somit. Begründungen von Vorgesetzten, dass sie Handlungsziele wegen des zu geringen Nutzens und zu hohen Aufwands ablehnen, können somit getrost als Ausrede abgetan werden. Diese Führungskräfte haben offensichtlich keine Lust, Verantwortung zu übernehmen.

Wie diese Aufgabe im Detail wahrgenommen werden kann und wie der Erfüllungsgrad bei Handlungszielen beurteilt werden kann, wird im letzten Kapitel ausführlich beschrieben. An dieser Stelle folgt lediglich eine Übersicht.

> Es ist die Aufgabe von Vertriebsvorgesetzten, Handlungsziele mit den Mitarbeitern zu vereinbaren und deren Einhaltung oder Erfüllung zu incentivieren, um die schwächeren Mitarbeiter bei der Erreichung ihrer Ergebnisziele zu unterstützen und zusätzlich zu motivieren, und die starken Mitarbeiter zu sanktionieren, indem mögliche Zahlungen für vereinbarte, aber nicht erfüllte Aufgaben entfallen.

Auch wenn der letztgenannte Punkt – quasi eine Bestrafung – nicht Kerngedanke von leistungsorientierter Vergütung bzw. Incentivierung bei Handlungszielen ist, führt dieses Vorgehen doch dazu, dass das Entlohnungssystem als gerechter wahrgenommen wird. In diesem Zusammenhang sei das Beispiel »Pflege des CRM-Systems« genannt. Meiner Erfahrung nach empfinden häufig die erfolgreichen »alten Hasen« im Business diese Aufgabe als lästig und unnötig. Sie wollen dafür keine Zeit aufwenden, weil sie ja verstärkt verkaufen müssen. Wenn diese Kollegen die für das Gesamtunternehmen so wichtige strategische Arbeit unterlassen, sollte sich das wenigstens auf ihren Geldbeutel auswirken. Die jungen Kollegen am anderen Ende der Performance-Skala werden sich über eine Wertschätzung und Honorierung dafür freuen, dass sie ihre Aufgaben pflichtbewusst erfüllen.

Wie werden Ergebnisziele gefunden?

Und wenn sie festgelegt sind, wie lassen sie sich incentivieren? Planung und Zielfindung in diesem Zusammenhang laufen in den Unternehmen vorwiegend ziemlich sinnlos ab. Bitte nicht missverstehen: Ich möchte nicht grundsätzlich jedwede Art von Planung verteufeln, sondern lediglich die Art und Weise anmahnen, wie sie in vielen Fällen gehandhabt wird. Vielleicht möchten Sie reflektieren, inwieweit Ihnen das folgende Beispielszenario bekannt vorkommt.

BEISPIEL

Vertriebsleiter Schmidt trifft sich am Ende der Budgetperiode mit seinem Mitarbeiter Müller und möchte über die Ziele für das Folgejahr sprechen. Nach einer kurzen Aufwärmphase kommt Schmidt zur Sache: »Herr Müller, toll, dass Sie dieses Jahr Ihr Ziel von einer Million erreicht haben. Gut gemacht! Dafür gibt es einen schönen Bonus. Was das nächste Jahr angeht, so denke ich, dass da noch einmal 200.000 Euro draufzupacken sind, schließlich entwickelt sich der Markt entsprechend.«

Herr Müller denkt: »Hm, der Markt entwickelt sich tatsächlich prächtig, da fallen mir gleich eine Handvoll Kunden ein, bei denen mehr zu holen sein wird. Ich schätze, ich könnte auch 500.000 Euro mehr schaffen. Aber was, wenn nicht? Dann hätte ich meine Ziele verfehlt. Man sollte sich besser ein paar Reserven lassen – auch fürs Jahr danach. Außerdem: Wenn ich zeige, dass ich es schaffe, will der Schmidt nächstes Jahr, dass ich 1,7 Millionen Euro schaffe ...«

Laut sagt er: »Herr Schmidt, das geht auf keinen Fall. Beim Kunden x und beim Kunden y kriselt es. Wir wissen nicht, ob die nächstes Jahr noch weiter dabei sind. Unser Kunde z wird außerdem von einem großen Konzern gekauft, da ist auch noch nicht klar, wie es weitergeht. Ich bin ja froh, wenn ich meinen Umsatz halte!«

Und so geht die Diskussion eine Weile hin und her. Schließlich einigt man sich darauf, dass das neue Ziel von Herrn Müller bei 1,1 Millionen liegt. Beide Seiten sind mit sich zufrieden. Der Vertriebsleiter, weil er das Ziel seines Mitarbeiters um 100.000 Euro nach oben verhandelt hat. Der Mitarbeiter, weil er 400.000 Euro mögliches Zusatzpotenzial nicht heben muss. Eine absolut Pareto-suboptimale Situation für das Unternehmen – und dennoch sind die Beteiligten zufrieden ...

Zielvereinbarung oder Zielvorgabe?

Übrigens werden Ziele meist in einem Korridor von 95 bis 110 % erreicht. Ein Schelm, wer Böses dabei denkt! Der Vertriebsleiter klopft sich auf die Schulter und denkt: »Toll geplant.« Der Skeptiker mag argwöhnen, dass es in der menschlichen Natur liegt, ein Ziel erreichen zu wollen, wenn es denn schon vorgegeben wurde – mehr aber auch nicht.

Der üblicherweise verwendete Begriff »Zielvereinbarung« ist für mein Empfinden ohnehin ein Witz. Im Gespräch betonen Vorgesetzte gerne, dass sie mit ihren Mitarbeitern »Ziele vereinbart« hätten, doch die Mitarbeiter empfinden diese angeblich einvernehmlich getroffene Vereinbarung häufig als Vorgabe, der sie nach einigem Verhandeln zustimmen mussten. Wenn schon von Zielvereinbarung die Rede ist, so sollte das Ergebnis auch etwas sein, was diesen Namen verdient: eine echte VEREINBARUNG zwischen Partnern, zu der sich auch der Mitarbeiter komplett frei entschieden hat, ohne dass er gedrängt oder gezwungen wurde.

> Wer als Vorgesetzter keine echten Vereinbarungen mit seinen Mitarbeitern schließen will, sollte so ehrlich sein und das Ergebnis so nennen, was es ist: eine Zielvorgabe, die er macht – mit all den beschriebenen Nachteilen. Das ist nicht effizient, zudem machen die jährlichen sogenannten Zielvereinbarungsgespräche dann auch keinem Beteiligten Spaß.

Wie Sie in einem solchen Gespräch vorgehen können, werde ich noch genauer erläutern. Wichtig ist zudem, dass die Unternehmensziele in den Bonusmodellen berücksichtigt werden, damit die Mitarbeiter im Sinne ihres Arbeitgebers agieren. Selbst gewählte Ziele sorgen für eine hohe Eigenverantwortung und motivieren dazu, sich im Hinblick auf die eigenen Defizite und Potenziale strategisch weiterzubilden. Denn wer besser wird, leistet mehr und verdient mehr Geld. Eine einfachere und fairere Dynamik gibt es nicht. So werden die Führungskräfte spürbar entlastet und das Unternehmen erfolgreicher.

Dynamische Entlohnung

Prinzipiell lassen sich fast alle Tätigkeiten im Unternehmen dynamisch entlohnen. Es kommt lediglich darauf an, zähl- und messbare Kriterien zu ermitteln, die von den Mitarbeitern ebenso akzeptiert werden wie das Entlohnungsmodell, das sie widerspiegelt. Am einfachsten ist das natürlich im Verkauf, wo die Ergebnisse in Euro und Cent sauber beziffert werden können.

Beispiel

Die im Folgenden genannten Zahlen sind lediglich beispielhafte Werte. Sie müssen auf die jeweilige Branche, das Geschäftsmodell sowie die konkreten Umsatz- oder Ergebniszahlen der Mitarbeiter angepasst werden.

Umsatz (alternativ: Deckungsbeitrag) – Selbsteinschätzung [EUR]								
1.250.000	0,8 %	3,1 %	5,5 %	7,9 %	10,3 %	12,6 %	15,0 %	15,0 %
1.200.000	1,1 %	3,5 %	5,9 %	8,3 %	10,6 %	13,0 %	14,5 %	14,5 %
1.150.000	1,5 %	3,9 %	6,3 %	8,6 %	11,0 %	12,5 %	14,0 %	14,0 %
1.100.000	1,9 %	4,3 %	6,6 %	9,0 %	10,5 %	12,0 %	13,5 %	13,5 %
1.050.000	2,3 %	4,6 %	7,0 %	8,5 %	10,0 %	11,5 %	13,0 %	13,0 %
1.000.000	2,6 %	5,0 %	6,5 %	8,0 %	9,5 %	11,0 %	12,5 %	12,5 %
950.000	3,0 %	4,5 %	6,0 %	7,5 %	9,0 %	10,5 %	12,0 %	12,0 %
0	950.000	1.000.000	1.050.000	1.100.000	1.150.000	1.200.000	1.250.000	> 1.250.000
Umsatz (alternativ: Deckungsbeitrag) – Zielerreichung [EUR]								

Abb. 14: *Beispiel für eine LoV nach Umsatz oder Deckungsbeitrag*

Gemäß der Tabelle setzt die Vertriebsführung auf einen Zielumsatz zwischen 0,95 und 1,25 Millionen Euro pro Mitarbeiter, der zum Incentive berechtigt. Dabei werden die einzelnen Mitarbeiter gebeten, selbst einzuschätzen, welches Ergebnis sie wohl erreichen werden. Wer ein schwierigeres Ziel anstrebt, realisiert und überschreitet (Zielerreichung), erhält eine höhere On-top-Zahlung. Wer sein Ergebnis niedrig einschätzt, aber eine herausragende Leistung erbringt, bekommt zwar einen attraktiven Bonus. Dieser würde aber klar höher ausfallen, wenn sich die betreffende Person mutig an einer größeren Summe orientiert hätte. Das motiviert, im Folgejahr größer zu denken und zu planen.

Konkret hat im Beispiel ein zurückhaltender Verkäufer eine Million Euro angestrebt und kann eine Provisionsprämie zwischen 2,6 und 12,5 % auf seinen realisierten Umsatz einstreichen. Erreicht er seinen Zielwert bereits vor dem Jahresabschluss und realisiert zum Periodenende gar 1,2 Millionen Euro, so liegt sein Provisionssatz mit 11 % zwar um deutliche 6 % höher als ursprünglich geplant, aber dennoch 2 % unter dem Provisionssatz von 13 %, den er hätte erreichen können, wenn er sich schon im Vorfeld richtig eingeschätzt hätte.

In Euro ausgedrückt: Der Verkäufer hatte ursprünglich damit gerechnet, 50.000 Euro Provision (5 % von einer Million) zu erzielen. Durch das Erreichen der 1,2 Millionen Euro beträgt seine Provision jedoch satte 132.000 Euro (11 % von 1,2 Millionen). Nichtsdestotrotz gehen ihm durch seine zurückhaltende Einschätzung 24.000 Euro verloren. Dieser »Fehler« wird ihm im nächsten Jahr nicht wieder passieren. Der Kollege, der sich überschätzt, verliert zwar weniger – aber auch er erreicht die volle Provisionshöhe lediglich bei einer treffgenauen Prognose. Bei einer Überschreitung erhöht sich der Bonus zwar, allerdings weniger steil, als wenn der Verkäufer zuvor ein höheres Ziel fixiert hätte. Die maximale Prämie winkt, wenn eine hohe Summe vereinbart und auch umgesetzt wird.

Was zeichnet ein LoV-System aus?

Ein modernes und dynamisches LoV-System besticht dadurch, dass die optimale Prämie fließt, wenn das vereinbarte Ziel möglichst genau getroffen wird. Sie ist also umso höher,

1. je besser das am Ende erreichte Ergebnis ist (Umsatz, Deckungsbeitrag, ...) und

2. je treffgenauer das Ziel zu Beginn geschätzt bzw. vereinbart wurde.

Dabei gilt: Das Ziel wird allein von denjenigen festgelegt, die den Markt und die darin verborgenen Potenziale am besten kennen sollten: den Mitarbeitern selbst! Beste Voraussetzung für gute Ergebnisse ist also, dass alle verstanden haben, dass sich Mehrarbeit immer lohnt und außerdem eine möglichst genaue Schätzung honoriert wird!

> Der wichtigste Grund, warum ein Vergütungssystem nicht akzeptiert wird: Die Wünsche der Mitarbeiter bleiben unberücksichtigt. Deshalb sollte es unbedingt komplett gemeinsam mit den betroffenen Mitarbeitern und gegebenenfalls dem Betriebsrat erarbeitet werden!

Zur Vorgehensweise: In einem Workshop wird zunächst die Grundidee hinter Handlungs- und Ergebniszielen sowie der damit verbundenen Zielvereinbarungsmatrix vorgestellt. Anschließend werden die folgenden Aspekte gemeinsam beleuchtet und dann die Eckpunkte verabschiedet, darunter:

- die Bemessungsgrundlage, zum Beispiel Umsatz, Auftragseingang oder Deckungsbeitrag,

- absolute Eurobeträge oder Provisionssätze in der Matrix,

- Unter- und Obergrenze der Matrix,

- Turnus des Betrachtungszeitraums, zum Beispiel Jahr, Halbjahr oder Quartal,

- Dauer der Gültigkeit der Matrix,

- Steigung der Progressionskurve, das heißt die »Belohnungs- bzw. Bestrafungsfaktoren« für die Zielerreichung sowie bei Unter- bzw. Überschätzung,

- Auszahlungszeitpunkte,

- Auszahlungssummen, der Umgang mit eventuellen A-conto-Zahlungen und das Vermeiden von Rückzahlungen,

- Prozedere der Vereinbarungsgespräche zu den Handlungszielen.

Zu all diesen Punkten gibt es unterschiedliche Lösungsansätze und Varianten. Wie sie am Ende ausgestaltet werden, entscheidet darüber, ob das Gesamtsystem funktioniert. Tummeln sich die Mitarbeiter mit ihren Vorstellungen beispielsweise nur bei den oberen und unteren Extremen der Schwellenwerte der Matrix, ist eine Justierung der Zahlen nötig. Zur Vermeidung von Diskussionen über den unteren Grenzwert, bei dem ein Bonus erstmalig greift, könnte man bei Stammmitarbeitern etwa mit dem Durchschnitt der letzten drei Jahre arbeiten, um Sondereffekte ausgleichen zu können. Auch der Umsatz mit oder ohne Deckungsbeitrag, ab dem ein Verkäufer lukrativ arbeitet, lässt sich zugrunde legen. Jeder Mitarbeiter muss aber die Möglichkeit haben, sich selbst realistisch einzuordnen und damit sein exklusives Gebietswissen in die Einschätzung einfließen zu lassen. Das zuvor beschriebene Verschweigen bekannter Potenziale im Verkaufsdistrikt, um im kommenden Jahr leicht den Rahm hoher Boni abzuschöpfen, zahlt sich so nicht mehr aus.

Die Vorteile der LoV

Die Vorteile einer leistungsorientierten Vergütung mit hohem Selbstbestimmungsanteil liegen auf der Hand. Statt Ziele gutsherrenmäßig festzulegen und sie gegenüber den Mitarbeitern durchzudrücken, wird dieser motiviert, sich realitätsnah einzuschätzen und stark zu engagieren. So werden Mitarbeiter und Unternehmen zu Partnern, sodass alle Beteiligten von der Fairness und dem Engagement der anderen profitieren. Diese Art von geschäftlicher Beziehung ist einer der großen Motivationstreiber, die Mitarbeiter dazu bewegen, ihre Potenziale wirklich auszuschöpfen.

Ein solches System charakterisiert sich also dadurch, dass belohnt wird,

- wer bei der Selbsteinschätzung ehrlich und mutig vorgeht,
- wer sich ehrgeizige, aber erreichbare Ziele setzt und
- wer sich vor allem richtig selbst einschätzt.

Bestraft werden hingegen diejenigen,

- die tiefstapeln,
- hochstapeln oder

- sich grundsätzlich falsch einschätzen – sprich: das Potenzial ihres Vertriebsgebiets oder Marktes nicht kennen oder es wissentlich verheimlichen.

Zusammenfassend gilt: Der Nutzen eines solchen LoV-Systems liegt darin, dass

- die Mitarbeiter ihre Potenziale ehrlich einschätzen,
- der gesamte Planungsablauf durch eine bessere Prognostizierbarkeit vereinfacht wird,
- die Zielsetzungen der Geschäftsleitung und der Mitarbeiter deckungsgleich werden,
- weder Mondziele noch zu geringe Ziele vereinbart werden.
- Zudem ist die Akzeptanz bei den Mitarbeitern hoch, da sie ihre eigenen Ziele benennen können und ihnen keine Vorgaben aufoktroyiert werden.

Auf einen Blick: WOLLEN unterstützen

- Schaffen Sie ein Incentivierungssystem in Ihrem Unternehmen.
- Beteiligen Sie die Mitarbeiter beim Aufbau des Systems.
- Sorgen Sie für die richtigen Bedingungen, um ein LoV-System zu etablieren.
- Arbeiten Sie mit Handlungs- und Ergebniszielen.
- Beschäftigen Sie sich damit, wie Sie passende Zielformulierungen finden.

UMSETZUNG sichern:
Führung und IT
gut kombiniert

In diesem Kapitel geht es darum, wie Sie sicherstellen können, dass Ihr Vertriebsteam die erwarteten, gekonnten und
gewollten Aktionen auch tatsächlich umsetzt. Voraussetzung
dafür sind Transparenz, Beteiligung und echtes Commitment
auf allen Seiten.

Die Prozesse ins System einbringen

Die Ziele und Prozesse im Vertrieb sind nun allen Beteiligten klar – und sie können diese auch umsetzen. Als Nächstes muss ein System entstehen, das genau diese Prozesse abbilden kann. Beschäftigen Sie sich dazu mit den folgenden Fragen:

- Wie lässt sich sicherstellen, dass Maßnahmen umgesetzt und Meilensteine erreicht werden?

- Wie kann ich als Führungskraft meine Mitarbeiter hierbei unterstützen?

- Wie können wir einfach, schnell und transparent die Umsetzungsstände und Zielerreichungsgrade je Mitarbeiter messen, dokumentieren und aggregieren?

- Welches System oder welche Art der Führung kann all dies gewährleisten?

Mit den erarbeiteten Prozessen verfügen Sie über einen Anforderungskatalog, der es Ihnen ermöglicht, bei den zur Wahl stehenden Tools die Spreu vom Weizen zu trennen. Wenn Sie konsequent damit arbeiten, sparen Sie Kosten und Frustration, denn am Ende können Sie ein System entwickeln, das genau zum Unternehmen und zu Ihrer Abteilung passt. Lassen Sie sich inspirieren:

- »Es ist nicht genug zu wissen – man muss auch anwenden. Es ist nicht genug zu wollen – man muss auch tun« (Johann Wolfgang von Goethe).

- »It's one percent inspiration – and ninty-nine percent perspiration« (Thomas Alva Edison).

- »Menschen sind Erkenntnisriesen, aber Umsetzungszwerge!«

Diese Zitate habe ich schon oft gehört – und ich stimme ihnen zu! Eine gute Idee, ein klares Ziel, eine Strategie, ein Plan sind natürlich wichtig. Aber: Sie stellen lediglich den ersten Schritt dar. Ob ihr Anteil nun 1% oder mehr ausmacht, sei dahingestellt. Wesentlich schwieriger gestaltet sich die nachhaltige Realisierung der gesteckten Ziele und geplanten Vorhaben. Welche Möglichkeiten gibt es, um neben Sollen, Können und Wollen den entscheidenden vierten Baustein, das Umsetzen, sicherzustellen?

Ansätze für ein funktionierendes System

Mir fallen genau drei Ansätze ein. Der erste ist nicht zu empfehlen, die anderen beiden lassen sich hingegen sinnvoll miteinander in einem funktionierenden System kombinieren:

1. Sie hoffen auf Ihr Glück, das »richtige« Team eingestellt und an Bord zu haben. Und darauf, dass die Mitarbeiter loyal, integer, intelligent, ausgebildet, kreativ, strukturiert, organisiert, motiviert, nachhaltig, strategisch und gleichzeitig detailversessen sowie für einen Arbeitgeber bezahlbar sind. Sie verfügen über eine Armee von Superhelden sozusagen. Das wäre fantastisch – ist aber mehr als unwahrscheinlich.

2. Gute Führung mit wöchentlichen Gesprächen, in denen die Mitarbeiter beim Erreichen ihrer Handlungs- und Ergebnisziele unterstützt UND die Führungs- und Kommunikationskette (siehe Kapitel 1.4) sichergestellt werden.

3. Ein IT-System, mit dem sich das empfohlene und vorgegebene Tun, die Handlungsziele, erzwingen lässt.

Das, was vereinbart wurde, soll auch getan werden, dafür wollen Sie nun sorgen. Dazu brauchen Sie zusätzlich das Commitment Ihrer Mitarbeiter, die inzwischen genau wissen, was zu tun ist, und das auch können und wollen. Allerdings wäre es naiv zu glauben, dass die eigene Vertriebsmannschaft NICHT den Merkmalsausprägungen einer Normalverteilung folgt, sondern nun die gerade erwähnte Armee von Superhelden auftritt. Im Team wird es mit an Sicherheit grenzender Wahrscheinlichkeit Menschen geben, die trotz bester Absichten nicht jeden Tag bestens motiviert, diszipliniert und organisiert arbeiten. Um die negativen Konsequenzen daraus weitgehend zu eliminieren, brauchen Sie die beiden gerade eben beschriebenen Zutaten: eine Führungskraft, die ihrer Verantwortung nachkommt und auch wirklich führt. UND ein IT-System, das bei der Umsetzung nachdrücklich unterstützt.

Wie sieht es denn aktuell aus in der Führungsrealität? Nach meinen Erkenntnissen und Erfahrungen wird ein Großteil der Vertriebsleiter im deutschsprachigen Raum – nicht nur im Mittelstand – ihrer eigentlichen Führungsaufgabe nicht gerecht. Sicherlich gibt es viele Ausnahmen, doch in meiner Praxis treffe ich überwiegend auf den folgenden Typus: Viele Führungskräfte im Vertrieb sehen sich eher als obersten Verkäufer und Key-Account-Manager, nicht als jemanden, der zwei Drittel seiner Zeit mit »Führung« verbringen sollte. Das Sicherstellen der Umsetzungsergebnisse und regelmäßig durchzuführende strukturierte Mitarbeitergespräche werden als Mikromanagement diskreditiert und finden meist nicht statt.

Wir können diesen Zustand beklagen und daran arbeiten, ihn durch entsprechendes Führungscoaching mittelfristig zu ändern. Doch kurzfristig wird sich die Situation in den meisten Betrieben kaum ändern, daher ist eine Ergänzung oder Alternative erforderlich. Hier kommt die erwähnte dritte Möglichkeit ins Spiel: die Nutzung eines passenden IT-Systems.

Die Grundidee der Sales Champions Strategy baut darauf auf, einen oder mehrere Best-Practice-Prozesse auf Basis des Wissens aller zu erarbeiten und darauf hinzuwirken, dass sie eingehalten und nachhaltig umgesetzt werden. Schauen wir uns an dieser Stelle noch einmal unser Beispiel eines Best-Practice-Prozesses an (siehe Abbildung 10). Als zweiter Prozessschritt wurde hier »Terminvereinbarung« definiert mit dem Ziel, einen Termin mit einem »richtigen« Kunden zu haben und alle Entscheider zu kennen. Der dritte Schritt sah eine sorgfältige Vorbereitung vor, die anhand einer Checkliste mit vorab definierten To-dos vonstattengehen soll.

Wenn in diesem Zusammenhang von IT die Rede ist, geht es nicht allein darum, ein CRM-System mit all seinen Vorteilen wie Transparenz, Dokumentation und zentrale Wissenssammlung einzuführen. Umfassende Unterstützung bietet hier ein Tool, das die Mitarbeiter wie eine digitale Bedienungsanleitung durch die definierten Prozessschritte führt, sie dabei an die Hand nimmt und konsequent dazu auffordert, sich an das zu halten, wozu sie sich committed haben. Das Mindeste wäre ein System von Warnmeldungen, etwa nach dem Ampelprinzip, das anmahnt, wenn sich Mitarbeiter und Vorgesetzte nicht an den Prozess halten.

Um im Beispiel zu bleiben: Solange ein Mitarbeiter nicht ins System eingegeben hat, aus welchen Personen sich das Entscheidergremium auf Kundenseite zusammensetzt – etwa weil er es nicht weiß –, wird ihm eine Terminvereinbarung untersagt. Oder es ploppt eine Warnmeldung auf, dass die Angaben zur Einschätzung des Kundenpotenzials oder zu den Personen, mit denen man ein Gespräch führen möchte, unter Effizienzgesichtspunkten den mit einem Gesprächstermin verbundenen Aufwand (Reisekosten, Zeit) nicht rechtfertigen. Auch könnte systemseitig die Empfehlung erscheinen, einen Termin (noch) nicht wahrzunehmen, solange die Must-have-Angaben laut Vorbereitungscheckliste noch nicht abgearbeitet und eingegeben sind.

Ja, manche Mitarbeiter werden dies als Gängelung und Einschränkung ihrer Freiheit empfinden. Doch welche Rechtfertigung kann es dafür geben, sich nicht mehr an den Best-Practice-

Prozess zu halten? An einen Prozess, an dem die betreffende Person vorher selbst mitgewirkt hat? Und am Ende zugestimmt hat, dass dieser gemeinsam erarbeitete Prozess der bestmögliche ist? Aufweichungen würden dazu führen, dass das ganze System maximal unverbindlich wäre und man im Vergleich zum früheren Status quo nur wenig hinzugewonnen hätte. Solche Systeme, die nachweislich in der Breite akzeptiert werden, gibt es. Der Aufwand, sie einzuführen, ist angesichts des immensen Nutzens absolut zu verschmerzen.

Abb. 15: *Umsetzung von Zielen mit geeigneten Strukturen*

Bei diesem Schritt geht es darum, Systeme bereitzustellen, maximale Ergebnisse in strukturierten Mitarbeitergesprächen einzufordern und deren Umsetzung IT-gestützt zu überprüfen und zu erzwingen. Damit soll sichergestellt werden, dass alle Mitarbeiter die besten gemeinsam definierten Vorgehensweisen auch umsetzen!

Auf einen Blick: UMSETZUNG sichern

- Legen Sie fest, wie Meilensteine geprüft und Maßnahmen umgesetzt werden.
- Finden Sie heraus, welche Tools Sie dabei sinnvoll einsetzen können.
- Denken Sie über ein Warnsystem nach, das die Prozesse ständig kontrolliert.
- Behalten Sie selbst im Blick, ob Ihre Mitarbeiter die Prozesse umsetzen wie geplant.

FÜHREN und ENTWICKELN:
Mit Gesprächen ans Ziel

In diesem Kapitel erfahren Sie, was gute Führung im Vertrieb bedeutet und wie Vorgesetzte es schaffen, ihre Mitarbeiter bestmöglich wirksam werden zu lassen. Dazu werden bestimmte Eigenschaften benötigt und das richtige Händchen bei der Kommunikation.

Was brauchen Führungskräfte?

In der Literatur wird häufiger die Frage diskutiert, welche Rolle eine Führungskraft überhaupt übernehmen kann und soll. Weitgehend herrscht Einigkeit darüber, dass sie die Richtung vorgibt, gemeinsame Ziele definiert und die Mitarbeiter dabei anleitet, die festgelegten Ergebnisse auch zu erreichen. Die Fragen, mit denen Sie sich als Führungskraft auseinandersetzen, wenn Sie das Vertriebsteam zu Höchstleistungen motivieren wollen, sind unter anderem diese:

- Was muss ich tun, um ein funktionierendes System für den Vertrieb aufzusetzen?

- Wie kann ich sicherstellen und transparent messen und dokumentieren, dass es auch nachhaltig wirkt?

- Wie kann ich dafür sorgen, dass sich der bestehende Prozess kontinuierlich weiter verbessert?

- Wie muss ich das Gesamtsystem managen, damit es bestmöglich wirksam wird?

Hinzu kommen sicherlich noch die Aspekte Kontrolle und Ergebnisüberprüfung. Denn es ist wichtig zu wissen, ob der eingeschlagene Weg richtig ist und die angestrebten Ziele erreicht werden, um im Negativfall entsprechende Maßnahmen ab- und einzuleiten.

So weit der eher sachliche, wenig personenbezogene Teil dieser Aufgabe. Selbstverständlich gehört zur Führung ebenso die

Personalauswahl, das Erkennen von Talenten und das Entwickeln von High Potentials, zudem das Führen durchschnittlich begabter Kollegen und deren Onboarding. Ist der Mitarbeiter erst einmal im Team, so gilt es, ihn zu fördern und zu fordern, zu entwickeln, zu trainieren und zu coachen. Und gegebenenfalls müssen Sie sich auch wieder von ihm trennen.

Das für Führungskräfte nötige Verständnis, als Trainer und Coach zu fungieren und glaubhaft sowie selbstbewusst zu kommunizieren, ist besonders dann wichtig, wenn es darum geht, die Ergebnisse der Mitarbeiter zu überprüfen. Doch Kontrolle hat oft etwas Anrüchiges, wird als Misstrauen ausgelegt und hat den Ruf, eine Beschäftigung für menschenfeindliche Erbsenzähler zu sein. So weit die gängigen Vorurteile in ihrer schärfsten Form. Kontrolle, die fair, transparent und verlässlich regelmäßig erfolgt, ist neben ihrer Kernaufgabe, den Stand der Dinge zu erfassen, aber zugleich ein Zeichen von Wertschätzung. Es zeugt von Interesse an der Entwicklung von Mitarbeitern, daran, sie zu unterstützen, ihre Arbeit gut und immer besser und damit besser bezahlt zu machen. Es braucht vermutlich noch sehr lange, bis sich diese Ansicht in den Köpfen festigt. Bis es aber so weit ist, müssen Sie als Führungskraft Ihren Mitarbeitern diese Vorstellung vermitteln und sie vorleben.

Was bringen kaskadierende Wochengespräche?

Wie aber sieht Kontrolle aus, die eher ein Coaching ist, bei dem fair, transparent und regelmäßig an der Entwicklung der Mitarbeiter gearbeitet wird? Dass dazu keine ausufernden Berichtsromane nötig sind und damit nicht allein die Pflege eines CRM-Systems gemeint ist, sollte bereits hinreichend klar geworden sein. Kontrolle gestaltet sich dann am wirkungsvollsten, wenn sie regelmäßig in kurzen Abständen im persönlichen Gespräch erfolgt. Entsprechend sollte sie organisiert sein. Weil in den meisten Unternehmen jedoch nur wenige Verkaufsmitarbeiter direkt an den Chef berichten, sollte das System auf einen Schneeballeffekt setzen.

Diese sogenannten kaskadierenden Wochengespräche beginnen beim einzelnen Mitarbeiter und seinem Vorgesetzten. Im Verkauf führt zunächst der Regionalleiter Gespräche mit seinen Verkäufern, um den Status quo zu erfahren und die konkreten Chancen der nächsten Zeit auszuloten. Im Anschluss führt der zuständige Vertriebsdirektor seinerseits ein intensives Gespräch mit den ihm unterstellten Regionalleitern. Solche Treffen laufen immer im besten und positiven Sinne wie ein Coaching ab, nicht wie ein eher einseitiges Kontrollgespräch. Auf diese Weise wird schnell und sicher offenbar, wo es im Vertrieb funktioniert und wo kritische Momente und Elemente zu bekämpfen sind.

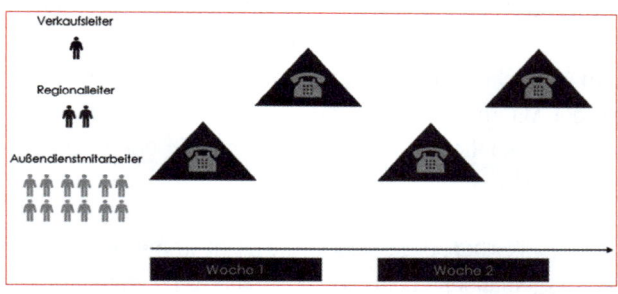

Abb. 16: *Kaskadierende Verkaufsgespräche (nach Jensen/Pfaff 2013; eigene Darstellung)*

Ove Jensen und Alfred Pfaff weisen darauf hin, wie wichtig es ist, die Termine eisern einzuhalten und dem Ablauf strikt zu folgen (Jensen/Pfaff 2013). Das wöchentliche Statusgespräch darf nicht ausfallen und in ihm gibt es kein Taktieren und Schönreden. Die Wahrheit – natürlich auch das Unschöne – muss auf den Tisch.

Dieser Ansatz mag martialisch klingen, aber das ist er keineswegs. Dass alle jederzeit genau wissen, wann ein Gespräch stattfindet und auf welche Informationen es dabei ankommt, sorgt für Transparenz und Sicherheit statt Verunsicherung. Wer hinter den Erfolgsansprüchen seines Unternehmens zurückbleibt, erhält frühzeitig Feedback. Und kann rechtzeitig mit seinem coachenden Vorgesetzten oder im Coaching mit einem externen Profi gegensteuern. Wird Kontrolle auf die übliche Weise durchgeführt, tun sich häufig Schlupflöcher auf, die weder im Sinne des Unternehmens noch des Mitarbeiters sind. Dies kann beim empfohlenen Vorgehen nicht passieren, vielmehr wird hier der Mitarbeiter an die Hand genommen und unterstützt. Hilfreiche »Kontrolle« entwickelt sich dabei eher zufällig und unbewusst.

Natürlich gleichen diese Gespräche nicht immer gemütlichen Waldspaziergängen, denn fördern, ohne zu fordern, bewirkt nichts. Es muss auch schon mal ans Eingemachte gehen, wenn nötig, aber immer so, dass der Blick auf das gemeinsame Interesse am Erfolg gerichtet bleibt. Und ja, es ist auch erlaubt und mitunter sogar notwendig, sich von einem Mitarbeiter auf Schlingerkurs dessen Orga-Tools zeigen zu lassen. Ist nicht ohnehin verbindlich festgeschrieben, welche Programme benutzt werden sollen, sind dringende Empfehlungen ratsam, die bei Schwierigkeiten zur Verpflichtung werden. Gemäß der Regel, dass besser wird, was gemessen und überprüft wird, sollten sich automatisch Fortschritte einstellen, die dazu führen, dass die festgelegten Abläufe befolgt werden. Oder um es mit Tom Peters zu sagen: »What gets measured gets done« (Peters 1999).

Jeder Vertriebsvorgesetzte muss seinen eigenen Gesprächsstil entwickeln und selbst bestimmen, wie tief er einsteigen und wie akribisch er vorgehen möchte. Immer jedoch sollte er ein Auge auf die Prospects, die nachzufassenden »heißen Kontakte« des Mitarbeiters haben: »Was waren deine vielversprechendsten Kontakte? Wie schätzt du die Abschlusschancen ein und wann, meinst du, kann mit einem Ergebnis gerechnet werden? Und wie steht es mit den Prospects des letzten Monats? Was davon ließ sich realisieren und was nicht? Woran lag das?«

Dieser Führungsansatz mit konkreten Entwicklungsfragen sorgt nicht nur für Transparenz bezüglich der Arbeitsqualität, sondern lässt auch Rückschlüsse über die aktuelle mentale Verfassung des Gegenübers zu. Überschätzt es sich und seine Geschäftschancen? Ist es stringent in seiner Angebotsverfolgung? Besucht es ausreichend viele Potenzialkunden? Erlegt es öfter einen kapitalen Zwölfender oder liefert es regelmäßig viele kleinere Ergebnisse, die zu viel Einzelaufwand verursachen? All das sollte anlässlich solcher Treffen angesprochen werden und sich sukzessive verbessern.

> Die wesentliche Aufgabe der Führungskraft im wöchentlichen Gespräch ist festzustellen, wie gut die Mitarbeiter ihre Aufgaben erfüllen können bzw. wie gut und vollständig sie das tatsächlich tun. Sprich: Wie prozesstreu ist ein Mitarbeiter, wie genau folgt er dem erarbeiteten Best-Practice-Prozess? Dies ist nicht nur für die Mitarbeiterentwicklung und das Erreichen des unternehmerischen Gesamtziels notwendig und wichtig. Begutachtet wird auch der Erfüllungsgrad bei den Handlungszielen, der für den Mitarbeiter unmittelbar bonusrelevant ist.

Regeln für Mitarbeitergespräche

Wie diese Gespräche eingetaktet werden, kann sich unterschiedlich gestalten. Grundsätzlich ist es ratsam, einen wöchentlichen Jour fixe einzurichten, der »heilig« sein sollte, niemals ausfällt und maximal 30 bis 60 Minuten dauert. Bei einer empfohlenen maximalen Führungsspanne von zehn Mitarbeitern bedeutet dies einen Zeitaufwand von etwa acht Stunden und damit einem vollen Arbeitstag. Das sind etwa 20 % der Wochenarbeitszeit.

Zudem sollte ein monatlicher Mitfahrtag vereinbart werden, an dem eine Führungskraft nicht nur mit ihren Mitarbeitern spricht, sondern sie bei ihrem Tun und Wirken beobachtet. Das versetzt sie in die Lage, nach jedem Vorgang, nach jedem Kundengespräch unmittelbar Feedback zu geben. Dadurch würden – Urlaubszeiten berücksichtigt – circa zehn Tage Arbeitszeit im Monat belegt, an denen ein Vorgesetzter die Gelegenheit hat, »seine« Mitarbeiter zu begleiten, zu beobachten, zu coachen und zu unterstützen. Das macht bei maximal zehn Mitarbeitern weitere 50 % seiner Arbeitszeit aus. Der Anteil echter Führungsarbeit würde damit etwa bei zwei Dritteln der gesamten Arbeitszeit liegen – das sollte auch einer Best-Practice-Kennziffer entsprechen.

Das dritte Element: Mindestens zweimal jährlich sollte ein zusammenfassendes Beurteilungsgespräch stattfinden. An dessen Ende – und dies ist ein ganz gravierender Unterschied zu den meisten Jahresgesprächen, wie sie heute in Unternehmen stattfinden – muss IMMER die Konsequenz aus einem Tun oder Unterlassen folgen.

Entweder hat ein Mitarbeiter perfekt gearbeitet und in allen Belangen das getan, was die Handlungsziele erfordern. Er hat den Best-Practice-Prozess perfekt abgebildet. Dann hat er sich

Wertschätzung, Anerkennung und gegebenenfalls seinen vereinbarten Bonus verdient. Diese Themen sollten im Gespräch diskutiert und ausgesprochen werden, um eben NICHT nach dem allseits beliebten Motto »Nicht geschimpft ist schon genug gelobt« zu verfahren.

Oder er hat Unlust gezeigt, gewisse vereinbarte Dinge zu tun (zum Beispiel die Pflege des CRM-Systems). Auch dies sollte angesprochen werden und für den Mitarbeiter (negative) finanzielle Auswirkungen haben.

Oder ein Mitarbeiter ist oder war fachlich nicht in der Lage, gewisse Aufgabenbereiche zu erfüllen und wahrzunehmen. Dann sollte ihm – genau in Bezug auf diese Schritte und Themen – eine entsprechende Coaching- oder Trainingsmaßnahme angeboten werden (s. Abb. 17).

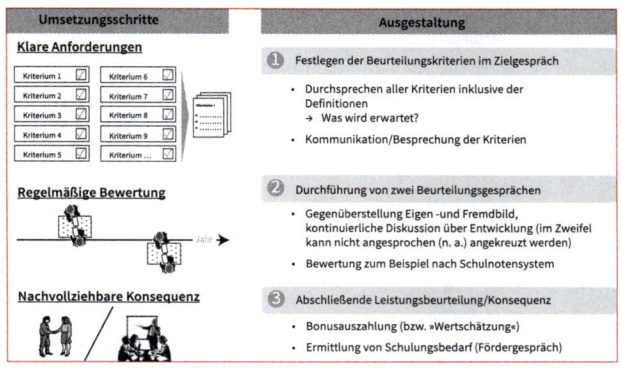

Abb. 17: *Vorgehen im Beurteilungsgespräch zu Handlungszielen*

> An dieser Stelle zeigt sich die Stärke eines funktionierenden Gesamt-systems: Zunächst wurde mit dem Wissen aller Beteiligten ein Best-Practice-Prozess definiert. Alle wissen nun, was sie tun »sollen«, und dies hat sich auch zur Grundlage für das »Wollen« entwickelt, da ein gutes Abarbeiten der definierten Prozessschritte incentiviert wurde. Die Führungskraft kann nun prüfen, wie gut oder schlecht jedes Mitglied in ihrem Team in der Lage ist, seine Aufgaben zu erfüllen.

Überprüfen des Könnens

Stellt sich heraus, dass Anspruch und Wirklichkeit auseinan-derklaffen, empfiehlt die Führungskraft seinem Mitarbeiter ein Coaching oder Training bzw. hat der Mitarbeiter von sich aus die Möglichkeit, an einem solchen teilzunehmen, um sich noch fehlendes KÖNNEN anzueignen. Dies kann etwa mit einem standardisierten Tool erfolgen, das der Führungskraft an die Hand gegeben wird.

So könnte beispielhaft aus dem in Abbildung 10 gezeigten zehnschrittigen Prozess ein Trainingsplan gefertigt werden, in dem Führungskraft und Mitarbeiter in Form einer Fremd- und einer Eigenwahrnehmungsbeurteilung angeben, wie leicht oder schwer dem Mitarbeiter die einzelnen Prozessschritte gefallen sind. Im konkreten Fall: Wie gut oder schlecht er bei den einzel-nen Schritten performt hat. Ist das Ergebnis bei einem Schritt schwach oder gibt es eine größere Abweichung zwischen der Beurteilung der Führungskraft und der des Mitarbeiters, so wird für Letzteren genau in diesem Bereich eine passende Trainings-maßnahme geplant.

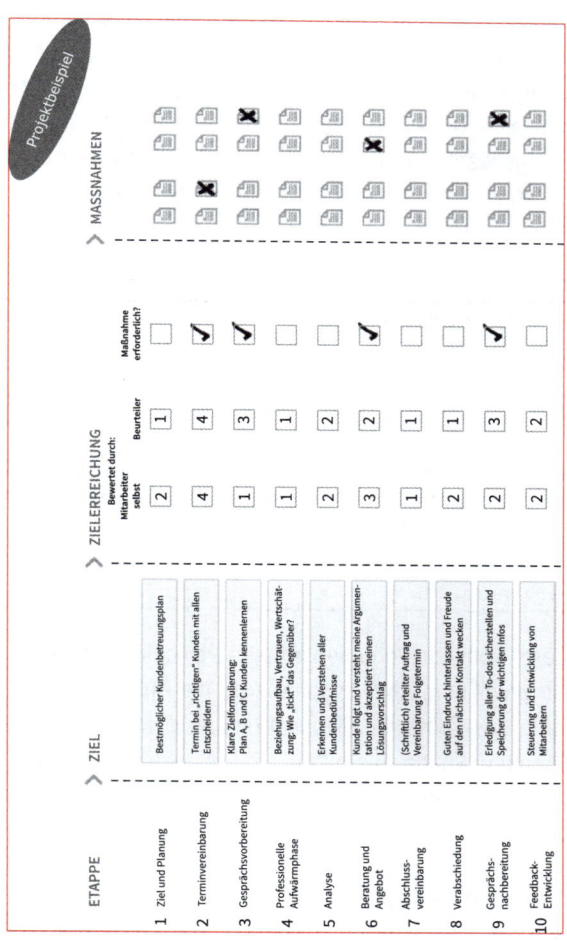

Abb. 18: *Handlungsplan zur Mitarbeiterentwicklung*

Im Rahmen der maximalen Potenzialausnutzung kann in der Prozessbeschreibung etwa zusätzlich die Devise ausgegeben werden: »Kein Kundenkontakt ohne Ergebnis!« In der Praxis soll das nicht bedeuten, dass jeder Termin zum Verkauf führen muss, das wäre illusorisch. Es heißt aber, dass es neben dem Plan A immer einen Plan B mit einem »kleineren« Resultat geben sollte, gefolgt von einem Plan C, wenn auch B nicht greift.

BEISPIEL

1. Kam es zum Abschluss? Nein?
2. Gibt es einen Folgetermin?
3. Hast du zumindest den Einkaufsprozess dieses wichtigen Interessenten verstanden und hast einen Überblick über sein Buying-Center erworben? Befinden sich die Daten im CRM-System?
4. Auch wenn du dem Kunden nichts verkaufen konntest, hast du eine Empfehlung eingeholt, wer in seinem Bekanntenkreis Bedarf an unseren Produkten haben könnte?
5. Hast du vereinbart, in einem halben Jahr nochmals anklopfen zu dürfen?
6. Und so weiter ...

An dieses konkrete Vorgehen müssen sich beide Parteien sicher zuerst gewöhnen. Aber es lohnt sich, die Hürden zu nehmen. Dass die Gespräche nützlich sind und es nicht darum geht, zu beichten und Gnade zu erbitten, wird spätestens dann offenbar, wenn ein Mitarbeiter zum ersten Mal Wertschätzung durch eine individuell für ihn geplante Weiterbildungsmaßnahme erfährt.

Zu Beginn werden die festen Abläufe und regelmäßig stattfindenden Gespräche für viele Mitarbeiter schwierig und ungewohnt sein, womöglich sogar Unbehagen bis zum Widerwillen erzeugen. Doch wenn es richtig gemacht wird, stellt sich mit der Zeit Akzeptanz ein und das Vertrauen, dass ein guter Mitarbeiter nicht nur von diesen Coachinggesprächen, sondern von der Vertriebsoptimierung im Ganzen profitiert.

Abbildung 19 beschreibt zusammenfassend die in diesem Buch beschriebene Sales Champions Strategy für Führungskräfte. SalesDrive 360 soll zum Ausdruck bringen, dass es nicht um isoliert betrachtete Einzelmaßnahmen geht, sondern dass SOLLEN, KÖNNEN, WOLLEN, UMSETZEN und FÜHREN wie in einem Kreislauf Hand in Hand gehen.

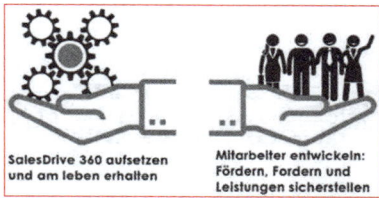

SalesDrive 360 aufsetzen und am leben erhalten

Mitarbeiter entwickeln: Fördern, Fordern und Leistungen sicherstellen

Abb. 19: *Führungskräfte und ihre Aufgaben*

Führungskräfte müssen dazu ermächtigt und befähigt werden, ihre Mitarbeiter optimal zu entwickeln und zu FÜHREN! Zum einen besteht ihre Aufgabe darin, dieses System aufzusetzen und am Leben zu erhalten. Zum anderen darin, Mitarbeiter zu entwickeln und zu fördern – aber auch zu fordern. Die eigenen Leistungen und die der Mitarbeiter sind unbedingt sicherzustellen! Das Ziel: Die Mitarbeiter werden so eingestellt, eingesetzt und geführt, dass sie bestmöglich wirksam werden können.

Auf einen Blick: FÜHREN und ENTWICKELN

- Lassen Sie Ihre Mitarbeiter so wirksam werden wie möglich.
- Machen Sie die Führungsmannschaft fit in Kommunikation.
- Regeln Sie, wann und wie Mitarbeitergespräche stattfinden.
- Legen Sie fest, wie das Können der Mitarbeiter geprüft und gefördert wird.

Schlusswort

Und wie fügt sich nun alles zusammen?

Das, was Sie hier gelesen haben, beschreibt Ihre Aufgabe als Führungskraft im Vertrieb. Sie sind nicht zwingend der Verkäufer für besonders große und anspruchsvolle Kunden. Sondern derjenige, der dafür verantwortlich ist, dass Ihr Unternehmen das maximal Mögliche auf der Vertriebsseite realisiert. Dass ein nachhaltiges, in Teilen personenunabhängiges, sich selbst verstärkendes und lernendes System entsteht, am Leben bleibt und kontinuierlich weiter optimiert wird. Dass Ihr Team gut funktioniert und Ihnen vertraut. Sie sind außerdem dafür zuständig, die richtigen Mitarbeiter einzustellen und ihnen nach einem sorgfältigen Onboarding dabei zu helfen, sich im Rahmen ihrer Möglichkeiten bestmöglich persönlich zu entfalten. Und dafür zu sorgen, dass diese Kollegen für sich persönlich größtmöglichen Spaß, Sinnerfüllung und Erfolg verspüren – und wenn all das geschafft ist, wird sich auch das gesamte Unternehmen erfolgreich weiterentwickeln.

Ich wünsche Ihnen viel Erfolg bei der Umsetzung dieser Themen, stehe für Fragen unter milz@milz-comp.de zur Verfügung und freue mich über Ihr Feedback!

Herzlichen Gruß

Ihr
Markus Milz

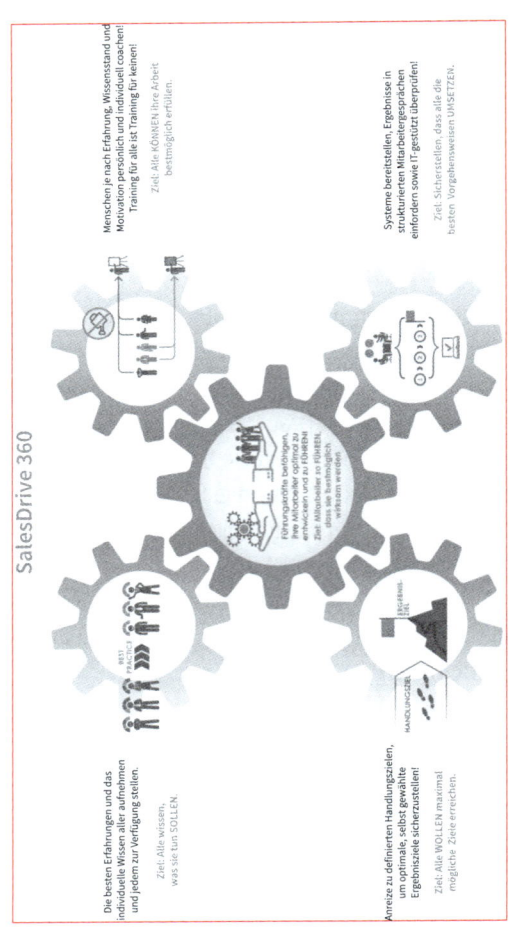

Abb. 20: *Gesamtübersicht: die Sales Champions Strategy*

Literatur

Ebbinghaus, Hermann (1885): Über das Gedächtnis. Untersuchungen zur experimentellen Psychologie. Duncker & Humblot.

Ericsson, Karl Anders/Krampe, Ralf Thomas/Tesch-Römer, Clemens (1993): Studie: The Role of Deliberate Practice in the Acquisition of Expert Performance.

Financial Times Deutschland (2012): Leistungsorientierte Gehälter zahlen sich aus, www.ftd.de/karriere/management/: verguetungssysteme-leistungsorientierte-gehaelter-zahlen-sich-aus/60162128.html, zuletzt abgerufen am 11.1.2013.

Gladwell, Malcolm (2010): Überflieger. Warum manche Menschen erfolgreich sind und andere nicht. Piper.

Jensen, Ove/Pfaff, Alfred (2013): Manifest der Vertriebssteuerung: das »Just-do-it«-Prinzip. Sales Management Review 7/8 2013.

Knoblauch, Jörg/Kurz, Jürgen (2013): Die besten Mitarbeiter finden und halten: Die ABC-Strategie nutzen. Campus.

Miller Heiman Group (2011): Studie: Verkaufsaktive Zeit.

Milz, Markus (2013): Vertriebspraxis Mittelstand. Springer Gabler.

Milz, Markus (2017): Praxisbuch Vertrieb. Campus.

Milz, Markus/Wolff, Stefan (2011): Leistungsorientierte Vergütung im Produzierenden Mittelstand.

Peters, Tom (1999): The Circle of Innovation: You Can't Shrink Your Way to Greatness. Vintage Books.

Puhani, Silvia (2018): Das Dilemma der Kommunikation nach Konrad Lorenz, Podcast, www.puhani.com/index.php/2018/06/03/das-dilemma-der-kommunikation-nach-konrad-lorenz, zuletzt abgerufen am 9.4.2020.

Welch, Jack/Welch, Suzy (2014): Winning: Das ist Management. 2. Auflage, Campus.

Zimmermann, Walter (2014): CRM-Studie Vertriebseffizienz 2014.

Stichwortverzeichnis

ABC-Analyse 24, 31
  nach Umsatz 24
Analyse der externen Situation 21
  Markt 21
  Trends 22
  Wettbewerb 22
Analyse der internen Situation 23
  Kunden 24
  Produkte 31
  Unternehmen 23
Analyse der verkaufsaktiven
  Zeit 24

Basiskunden 27
Belohnung 79, 95
Benchmarking 24
Beratung 39
Bestandskunden 31
Best-Practice-Prozess 70, 101
Bestrafung 87, 95

Coaching 37, 114
  drei Phasen 51
Commitment 100

Entwicklungsfragen 111
Entwicklungskunden 27
Ergebniskontrolle 106
Ergebnisziel 88

Führungskompetenz 100, 106

Handlungsziel 85
  definieren 86

Incentivierungs-System 76
IT-System 100

Kaskadierende Wochengesprä-
  che 108
Kernprozess 64
Kleinkunden 27
Kommunikation 83
Kommunikationskonzept 58
Kommunikationskurve nach
  Lorenz 68
Kontinuierlicher Verbesserungspro-
  zess (KVP) 70
Kundencluster 26
Kundensegmentierung 26

Leistungskennzahlen (KPIs) 11
Leistungsorientiertes Vergütungs-
  system 76, 93
  Vorteile 95

Marktbearbeitungsstrategie.
  siehe Normstrategie
Mitarbeiterentwicklung 107
Mitarbeitergespräch 111
  Ablauf 116
  Taktung 111
Moderation 67
Motivation 78, 95

Normstrategie 26

Persönlichkeitsentwicklung 38
Portfolio-Clusterung 31
Preispolitik 31
Produktlebenszyklusanalyse 31

Return on Sales 10

Sales Champions Strategy 101, 120
Schwarmintelligenz 64
Seminar 47
   Ablauf 45
   Best-Practice-Beispiel 56
   Eigenschaften 48
   Trainingsphase 53, 54
   Vorphase 52
   Zeitbudget 43
Soll-Prozess 67
Standortbestimmung 20
Strategieentwicklung 62

Strategiepyramide 12
Strategische Diagnose 20
SWOT-Analyse 23
Systematischer Vertrieb 33

Topkunden 27
Training, siehe Coaching

Umsetzungskompetenz 16
Unternehmensziel 90

Vergessenskurve nach Ebbing-
   haus 44
Vertriebseffizienz 10
Vision 14, 32

Workshop 65, 93

Ziel 32
Zielvereinbarung 89

Impressum

Bibliografische Information der Deutschen Nationalbibliothek
Die Deutsche Nationalbibliothek verzeichnet diese Publikation in der Deutschen
Nationalbibliografie; detaillierte bibliografische Daten sind im Internet über
http://www.dnb.dnb.de abrufbar.

Print:	ISBN: 978-3-648-14259-2	Bestell-Nr.: 10552-0001
ePub:	ISBN: 978-3-648-14260-8	Bestell-Nr.: 10552-0100
ePDF:	ISBN: 978-3-648-14261-5	Bestell-Nr.: 10552-0150

Markus Milz
Systematischer Vertrieb – Sales Champions Strategy für Führungskräfte
1. Auflage 2020

© 2020, Haufe-Lexware GmbH & Co. KG, Freiburg
www.haufe.de
info@haufe.de
Redaktion: Jürgen Fischer
Lektorat: Cornelia Rüping, München

Bildnachweis (Cover): Milz & Comp. GmbH

Der Autor

Markus Milz

Vertrieb ist seine Passion. Sein erstes eigenes Unternehmen scheiterte an schlechten Vertriebsprozessen. Also machte er sich auf die Suche, fand bessere Lösungen und schrieb Bücher darüber, die Bestseller sind. Seine Beratungs- und Trainingsschwerpunkte sind Strategie, effizienter Vertrieb, Vertriebsoptimierung und zukunftsweisende Führungswerkzeuge. Dabei setzt er auf interaktive Trainings mit nachhaltiger Transfersicherung.

Das Wichtigste über ihn:

- Geschäftsführer der Milz & Comp. GmbH,
- Geschäftsführer der BERGEN GROUP GmbH,
- seit über 20 Jahren gefragter Trainer, Coach und Berater,
- als Top-100-Keynotespeaker in Deutschland und international unterwegs,
- Autor zahlreicher Fachartikel, Studien und Fachbücher.